U0175454

土木工程施工与项目管理分析研究

王浩宇 著

汕头大学出版社

图书在版编目（CIP）数据

土木工程施工与项目管理分析研究 / 王浩宇著．--
汕头 ： 汕头大学出版社，2023.3
　　ISBN 978-7-5658-4976-3

　　Ⅰ．①土… Ⅱ．①王… Ⅲ．①土木工程－工程施工－
研究②土木工程－工程项目管理－研究 Ⅳ．① TU7

　　中国国家版本馆 CIP 数据核字（2023）第 048462 号

土木工程施工与项目管理分析研究
TUMUGONGCHENG SHIGONG YU XIANGMU GUANLI FENXI YANJIU

作　　者：王浩宇
责任编辑：黄洁玲
责任技编：黄东生
封面设计：王　维
出版发行：汕头大学出版社
　　　　　广东省汕头市大学路 243 号汕头大学校园内　邮政编码：515063
电　　话：0754-82904613
印　　刷：廊坊市海涛印刷有限公司
开　　本：710mm×1000 mm　1/16
印　　张：11.75
字　　数：200 千字
版　　次：2023 年 3 月第 1 版
印　　次：2023 年 3 月第 1 次印刷
定　　价：48.00 元
ISBN 978-7-5658-4976-3

土木工程项目管理是研究工程项目建设全过程客观规律、管理理论和管理方法的一门学科；是一个系统工程，涉及工程技术、管理、法律法规和经济等多个学科。其研究目的是使工程项目在生产使用功能、费用、进度、质量及其他方面均取得最佳效果，发挥投资效益，实现项目综合效益最大化。课程的内容非常庞杂，如何在有限的学时内传授恰当的知识仍需教师在教学实践中不断地探索，课程的教材需要根据我国的高等教育形势和工程项目管理体制、与工程项目管理相关的法律法规和就业越来越基层化的现状等变化不断地进行更新。

土木工程是一项涉及范围很广的综合性学科，由于其施工对象都是与人们生活、生产等领域息息相关的各种工程设施，因此土木工程项目的施工在我国工程建设中发挥着重要作用。同时，在土木工程项目的建设过程中，涉及的施工技术种类复杂，施工机械设备、材料及人员的数量众多，施工周期普遍较长，每个项目想要顺利完工都必须由专业的项目管理团队进行质量、进度、成本、风险等多方面、多角度的监督和控制。因此，对土木工程施工与项目管理的研究是十分必要的，本书从土木工程施工的基础理论入手，全面地分析了土木工程涉及的施工设施，然后对土木工程施工组织设计进行了分析，然后对土木工程项目的进度管理、质量管理等方面进行了阐述，本书可为土木工程建设和管理的人员提供参考。

本书由天津仁爱学院王浩宇独自撰写（共计20万字）。在本书撰写过程中参考了大量的教材、论文、专著、网络信息等资料，在此致以衷心的感谢。限于作者水平，书中疏漏在所难免，敬请广大读者批评指正。

目 录 >>>

第一章　土木工程施工基础理论 ……………………………………………… 1

　第一节　土木工程基本建设程序 ……………………………………… 1

　第二节　土木工程产品 ……………………………………………… 5

　第三节　组织项目施工的基本原则 ………………………………… 7

　第四节　施工组织设计 ……………………………………………… 10

　第五节　施工准备工作 ……………………………………………… 14

第二章　土木工程设施 …………………………………………………… 28

　第一节　建筑工程 ………………………………………………… 28

　第二节　交通土建工程 ……………………………………………… 35

　第三节　桥梁工程 ………………………………………………… 41

　第四节　隧道与地下工程 …………………………………………… 44

　第五节　水利水电工程 ……………………………………………… 47

　第六节　给水排水工程 ……………………………………………… 52

第三章　土木工程单位工程施工组织 …………………………………… 59

　第一节　单位工程施工组织设计理论 ……………………………… 59

　第二节　施工部署和施工方案 ……………………………………… 62

　第三节　单位工程施工进度计划 …………………………………… 78

　第四节　资源配置计划 ……………………………………………… 83

　第五节　单位工程施工平面图 ……………………………………… 84

第四章　土木工程项目管理体系 ………………………………………… 90

　第一节　项目管理的基本知识 ……………………………………… 90

　第二节　工程项目管理机构 ………………………………………… 96

第三节　工程项目管理模式 ·· 104

第四节　工程项目沟通管理 ·· 111

第五章　土木工程项目进度管理·· 118

第一节　土木工程项目进度管理概述 ······································ 118

第二节　工程项目进度控制措施 ·· 121

第三节　工程项目进度计划的编制 ·· 125

第四节　工程项目进度的检查与分析方法 ································· 132

第五节　工程项目进度计划的调整与优化 ································· 136

第六章　土木工程项目质量管理 ·· 141

第一节　土木工程项目质量管理概述 ······································ 141

第二节　工程项目质量控制 ·· 151

第三节　工程项目质量统计分析方法 ······································ 160

第四节　工程质量事故处理 ·· 167

第五节　工程项目质量评定与验收 ·· 174

参考文献 ·· 180

第一章　土木工程施工基础理论

第一节　土木工程基本建设程序

一、基本建设的概念

凡是固定资产扩大再生产的新建、改建、扩建、恢复、迁建工程以及与之连带的工作均为基本建设。

基本建设是一项综合性的经济活动，是国民经济的重要组成部分，是实现扩大再生产、提高人民物质文化水平和加强国防建设的重要手段。有计划、有步骤地进行基本建设，对于扩大和加强国民经济的物质技术基础，调整产业结构，合理配置生产力，用先进技术改造国民经济具有重要作用。

基本建设是一项复杂的系统工程，它是通过建筑业的勘察、设计、施工等一系列活动及其有关部门的经济活动实现的。它涉及面广，建设周期长，协作环节多，投资风险大，是一个连续的、不可间断的生产过程。从全社会角度看，基本建设由许多建设项目组成。

二、基本建设的分类

（一）按建设项目的投资用途分类

（1）生产性建设项目。生产性建设项目是指直接用于物质生产或者满足物质生产需要的建设项目。

（2）非生产性建设项目。非生产性建设项目是指直接用于满足人民物质和文化生活需要的建设项目。

（二）按建设项目的建设性质分类

（1）新建项目。新建项目是指从无到有新开始建设的项目，或者新增固定资产的价值超过原有固定资产价值三倍以上的项目。

（2）扩建项目。扩建项目是指为了扩大原有产品的生产能力或效益，或者增加新产品的生产能力和效益而扩建的主要车间或其他固定资产的项目。

（3）改建项目。改建项目是指为了提高产品的生产效率，增加科技含量，对原有的设备、工艺流程进行技术改造的项目。

（4）恢复项目。恢复项目是指原有的固定资产受到自然灾害、战争等不可抗力因素等原因部分或全部被破坏，而又投资恢复建设的项目。

（5）迁建项目。迁建项目是指由于各种原因迁到其他地方建设的项目，不论其建设规模是否维持或大于原来的规模，均属于迁建项目。

（三）按建设项目的建设规模分类

基本建设按建设项目的建设规模分为大型项目、中型项目和小型项目。对于大型项目、中型项目和小型项目的划分标准，国家发展和改革委员会、住房和城乡建设部、财政部都有明确规定。

三、基本建设程序

（一）基本建设程序的概念

基本建设程序就是基本建设工作中必须遵循的先后次序，是指基本建设项目从决策、设计、施工到竣工验收整个过程中各阶段工作的先后顺序。它是基本建设实践经验的科学总结，是基本建设全过程客观规律的正确反映。

（二）基本建设程序的内容

1．项目建议书阶段

项目建议书是项目法人向国家提出要求建设某一项目的建议性文件，是对建设项目的初步设想。它的主要作用是论述拟建项目建设的必要性、可行性和可能性。项目建议书的主要内容包括拟建项目提出的必要性和依据；产品方案、拟建规模和建设地点的初步设想；资源情况、建设条件和协作关系等初步分析；投资估算和资金筹措设想；项目进度的初步安排；经济效益和社会效益的初步估计。

项目建议书经批准后，可以进行可行性研究。

2. 可行性研究阶段

可行性研究是对建设项目在技术上是否可行、经济上是否合理进行科学分析和论证。可行性研究是通过多方案比较，推荐最佳方案，为项目决策提供依据。可行性研究的成果是可行性研究报告，根据项目的不同内容也不尽相同，工业项目一般包括总论；市场需求情况和拟建规模；建厂条件和厂址方案；项目设计方案；环境保护方案；生产组织、劳动定员和人员培训计划；项目实施计划和进度要求；投资估算和资金筹措；项目经济评价。

可行性研究报告经有关部门批准后，拟建项目才算正式立项。

3. 设计阶段

设计是对拟建项目在技术上和经济上做出的全面安排，是工程建设计划的具体表现形式，同时也是组织施工的依据。中小型项目按两阶段设计，即初步设计和施工图设计。大型工程项目要按三阶段设计，即初步设计、技术设计和施工图设计。

初步设计是根据批准的可行性研究报告和设计基础资料所做的实施方案。其目的是阐明在指定的时间、空间和投资控制额内，拟建项目在技术上的可行性和经济上的合理性，并对工程项目做出基本的技术规定，编制项目总概算。

技术设计是在初步设计的基础上进一步解决某些具体技术问题，如工艺流程、建筑结构、设备选型和数量确定，补充和修正初步设计，使工程项目的设计更加完善和合理，并编制项目修正总概算。

施工图设计是在初步设计和技术设计的基础上，结合现场实际情况，完整、准确地表现建筑物的外形、内部空间分割、结构体系以及与周围环境的协调情况。施工图设计的内容包括建筑平面图、立面图、剖面图、建筑详图、结构布置图以及各种设备的标准型号、规格及各种非标准设备的施工图，在施工图设计阶段编制施工图预算。

4. 建设准备阶段

项目建设的工作较多，涉及面较广，在开工前要做好各项准备工作。其主要工作内容包括征地、拆迁和场地平整；完成施工用水、电、路等工作；组织设备材料，订货；准备必要的施工图纸；组织施工的招投标，择优选择施工承包单位。

5. 工程施工阶段

建设项目经批准开工建设，就进入工程施工阶段。这一阶段耗费大量的人力、物力和财力，是把工程图纸转化为实物的阶段。施工过程中，施工单位要严格按照设计要求和施工规范，精心组织施工，保证工程质量，降低工程造价，加快工程进度，做到文明施工。

6. 生产准备阶段

生产准备是项目投产前由建设单位进行的一项重要工作，是连接建设与生产的桥梁和纽带，是项目建设转入生产经营的必要条件，因此，建设单位要做好相关的工作，保证项目建成后能及时投入生产。生产准备阶段的工作内容主要包括招收和培训生产人员；生产物资准备；生产技术准备；生产组织准备。

7. 竣工验收阶段

当建设项目按设计文件规定的内容全部完成后，就可以组织工程竣工验收了。这个阶段是考核项目建设成果、检验设计和施工质量的重要环节，也是建设项目能否由建设阶段顺利转入生产或使用阶段的一个重要标志。

建设工程竣工验收应当具备的条件：完成建设工程设计和合同约定的各项内容；有完整的技术档案和施工管理资料；有工程使用的主要建筑材料、建筑构配件和设备的进场试验报告；有勘察、设计、施工、工程监理等单位分别签署的质量合格文件；有施工单位签署的工程保修书。

8. 后评价阶段

后评价是指项目建成投产并达到设计生产能力后，通过对项目运行的全过程进行再评价，分析其实际情况与预计情况的偏离程度及产生的原因，全面总结项目建设成功或失败的经验教训，为今后项目的决策提供借鉴，并为提高项目投资效益提供切实可行的措施。

四、工程建设的项目划分

（一）建设项目

建设项目是指按照一个总体设计组织施工，在经济上实行独立核算、行政上实行统一管理，建成后具有完整的系统，可以独立地形成生产能力或使用价值的建设工程。如工业建筑中的一座工厂、一座矿山，民用建筑中的一个小区、一所学校等。

（二）单项工程

单项工程是指具有独立的设计文件，独立施工，竣工后可以独立发挥生产能力或效益的工程。它是建设项目的组成部分，如生产车间、办公楼、住宅楼等。

（三）单位工程

单位工程是指具有独立的设计图纸，独立施工，完工后不能独立发挥生产能力或效益的工程。它是单项工程的组成部分，如土建工程、电气安装工程、工业管道工程等。

（四）分部工程

分部工程是按照单位工程的各个部位和结构特征划分的。它是单位工程的组成部分，如基础工程、主体结构工程、装饰工程等。

（五）分项工程

按照不同的施工方法、材料、工程结构规格可以把分部工程划分为若干个分项工程。分项工程如主体结构工程中的安装模板、绑扎钢筋、浇筑混凝土等。

第二节　土木工程产品

一、土木工程产品的特点

（一）空间上的固定性

任何土木工程产品都是在选定的地点上建造和使用的，它的基础与作为地基的土地是直接联系在一起的。通常情况下，土木工程产品在建造中或建成后是不能移动的，它和大地形成了一个整体。土木工程产品建在哪里就在哪里发挥其作用。

（二）类型的多样性

土木工程产品的功能要求是多种多样的，通常由设计单位和施工单位根据业主的委托进行设计和施工。土木工程产品根据不同的用途、所处的地区，采用不同的建筑材料和施工方法，表现出多样性的特点。即使功能要求和建筑类型相同，但由于地形、地质、水文、气象等自然条件的影响以及交通运输、材料供应等社会条件的不同，在建造时也需对施工组织和施工方法做相应的调整，从而使土木工程产品具有多样性的特点。

（三）体形的庞大性

土木工程产品是生产或生活的场所，要在其内部布置各种生产或生活必需的设备或用具，因而产品体形庞大，占有广阔的空间。土木工程产品在生产过程中要消耗大量的人力、物力、财力，所需建筑材料数量巨大，而且品种复杂，规格繁多。

二、土木工程产品生产的特点

（一）生产的流动性

土木工程产品的固定性决定了土木工程产品生产的流动性。土木工程产品的固定性和严格的施工顺序，使生产者和生产工具经常移动，要从一个施工段转移到另一个施工段，从工程的一个部位转移到另一个部位，在工程完工后，还要从一个工地转移到另一个工地。生产的流动性给施工单位的生产管理带来很大的影响，这就要求事先必须有一个详细而周密的项目管理规划，使流动的人员、材料、机械相互协调配合，做到连续、均衡施工。

（二）生产的单件性

土木工程产品的多样性决定了土木工程产品生产的单件性。每一个土木工程产品的生产都需要采用不同的施工方法和施工组织，因此，土木工程产品基本上要单件定做，不能重复生产。这一特点要求编制施工组织设计时，考虑设计要求、工程特点、工程条件等因素，并制定出可行的施工方案。

（三）生产过程具有综合性

土木工程产品在生产过程中，要和业主、勘察单位、设计单位、监理单位、材料供应单位、分包单位、金融机构等配合协作，生产环节多，协作单位多，这就决定了其生产过程具有很强的综合性。同时，在土木工程产品生产的过程中，要把各方面的力量综合组织起来，围绕缩短工期、降低造价、提高工程质量和投资效益的目标来进行工程建设，这也是一项非常重要的工作。

（四）生产过程的不可间断性

一个建设项目要经历决策阶段、设计准备阶段、设计阶段、施工阶段、动用前准备阶段和保修阶段，这是一个不可间断的、完整的、周期性的生产过程。它要求在生产过程中各阶段、各环节、各项工作必须有条不紊地组织起来，在时间上不间断，在空间上不脱节，对生产过程的各项工作必须合理安排，遵守施工程序，按照合理的施工程序科学组织施工。

（五）生产过程受外部环境影响较大

土木工程产品体形庞大，生产过程基本上是露天作业，受到地形、地质、水文等的影响。而且风、霜、雨、雪也会影响土木工程产品的正常生产过程，生产者的劳动条件比较差。另外，土木工程产品在生产过程中，影响因素也很多，例如设计变更、地质条件变化、专业化协作状况、资金和物资供应条件、城市交通和环境因素等，这些外部条件对工程质量、工程进度、工程成本等都有很大影响。这就要求生产者制定合理的施工技术措施、质量和安全保障措施，科学组织施工。

（六）生产周期长

土木工程产品体形庞大，决定了它的生产过程必须消耗大量的人力、物力和财力，其生产时间少则几个月，多则几年、十几年，要待整个生产周期完成以后，才能形成土木工程产品。如果科学组织生产活动，缩短生产周期，将会显著提高投资技术经济效果。

第三节　组织项目施工的基本原则

一、贯彻执行基本建设中的各项方针政策，坚持基本建设程序

我国关于基本建设的制度有：审批制度；从业资格管理制度；施工许可制度；招标投标制度；总承包制度；发承包合同制度；工程监理制度；工程质量责任制度；建筑安全生产管理制度；竣工验收制度等。这些制度为建立和完善建筑市场的运行机制提供了重要的法律依据，在工程实践中必须认真贯彻执行。

基本建设程序反映了工程建设过程的客观规律。建设工程是一个投资大、工期长、内容复杂的系统工程，工程建设客观上存在着一定的内在联系，必须按照一定的步骤进行。实践证明，坚持了基本建设程序，建设工程就能顺利进行、健康发展；违背了基本建设程序，建设工程就会遭到破坏，严重影响工程的质量、进度和成本。因此，建设工程必须遵循基本建设程序，按客观经济规律办事。

二、严格遵守国家和合同规定的工程竣工及交付使用期限

根据生产和使用的需要，对于总工期较长的大型建设项目，应分期分批安排建设或交付使用，尽早发挥建设投资的经济效益。同时应该注意每期交付的项目能独立发挥效用，工程竣工和交付使用的期限符合国家和合同规定的工期要求。

三、合理安排施工程序和施工顺序

土木工程施工有其内在的客观规律，既包含了施工工艺和施工技术方面的规律，又包含了施工程序和施工顺序方面的规律。只有按照这些规律去组织施工，才能加快施工进度，降低工程成本，提高工程质量，发挥投资效益。

施工工艺和施工技术方面的规律，是分部分项工程固有的客观规律。如结构安装工程，其施工工艺是绑扎、起吊、就位、临时固定、校正、最终固定，任何一道工序既不能省略又不能颠倒，必须满足施工工艺和施工技术的要求。

施工程序和施工顺序方面的规律，是施工过程中各分部分项工程之间内在的客观规律。在组织施工作业时，既要考虑施工工艺和技术的要求，又要考虑组织施工立体交叉、平行流水作业，合理利用工作面，有利于为后续工程施工创造良好的条件。

四、采用先进的施工技术科学组织施工

采用先进的施工技术是提高劳动生产率、改善工程质量、加快施工速度、降低工程成本的重要手段。积极开发、使用新技术和新工艺，推广应用新材料和新设备，使技术的先进性和经济合理性相结合，符合施工验收规范、操作规程以及有关工程项目进度、质量、安全、环境保护、造价等方面的要求。在施

工过程中，采用科学的分析方法，使劳动资源得到最优的调配，保证施工过程的连续和均衡。

五、采用流水作业方式和网络计划技术组织施工

在编制施工进度计划时，应采用流水施工的作业方式，使施工过程具有连续性、均衡性和节奏性，合理地、充分地利用工作面，有利于劳动力的合理安排和使用，有利于物资资源的组织和供应，为文明施工和现场科学管理创造条件。

网络计划技术是一种有效的科学管理方法。采用网络计划技术编制施工进度计划时，工作之间的逻辑关系表达清晰，通过对网络计划时间参数的计算，确定关键工作和关键线路，对网络计划进行优化，选择最优方案，对进度计划的执行进行有效的监督和控制，保证计划进度目标的顺利实现。

六、提高预制装配化程度

建筑工业化是建筑技术进步的重要标志之一。建筑工业化就是用现代化工业的生产方式来从事建筑业的生产活动，使建筑业从落后、分散、以手工操作为主的生产方式逐步向社会化大生产的方式过渡的发展过程。在制定施工方案时要根据地区条件和构件性质，通过技术经济比较，选择恰当的预制方案或现浇方案，贯彻工厂预制和现场预制相结合的原则，提高建筑工业化的水平。

七、提高施工机械化水平

建筑工业化的核心问题是施工机械化。施工机械化就是用机械化生产代替手工操作，这样能提高劳动生产率，降低工程造价，加快施工进度，保证工程质量，把施工人员从繁重的体力劳动中解放出来。在选择施工机械时，应根据工程特点和施工条件确定采取何种施工机械的组合方式满足施工生产的需要，提高施工机械的利用率，充分发挥施工机械的效能。同时，不能盲目地追求机械化的程度，要贯彻机械化、半机械化和改良工具相结合的方针，做到有目标、有计划、分期分批地实现施工机械化。

八、采取季节性施工措施，确保全年连续施工

土木工程施工为露天作业，季节对施工的影响很大。在组织施工作业时，应充分了解当地的气象条件和水文地质条件，做好施工计划和施工准备工作，克服季节对施工的影响。土方工程、基础工程、地下工程不宜在雨期施工，防水工程、混凝土浇筑不宜在冬期施工，高空作业、结构安装应避免在风期施工，否则应采取相应的季节性施工措施，确保施工质量和施工安全。

九、减少暂设工程和临时性设施，合理布置施工平面图

在组织土木工程施工时，要精心规划施工平面图，节约施工用地，不占或少占农田。尽量利用当地资源，合理安排运输、装卸与储存作业，避免二次搬运，减少暂设工程和临时性设施，尽量利用正式工程或原有建筑物的已有设施，降低工程成本。

第四节　施工组织设计

一、施工组织设计的概念

施工组织设计就是以施工项目为对象编制的，用以指导施工技术、经济和管理的综合性文件。它是对拟建工程在人力和物力、时间和空间、技术和组织等方面所做的全面安排，是沟通工程设计和施工的桥梁。施工组织设计是对施工活动实行科学管理的重要手段，具有战略部署和战术安排的双重作用。施工组织设计既要体现拟建工程的设计和使用要求，又要符合施工生产的客观规律。通过施工组织设计，可以根据具体工程的条件，拟订施工方案，确定施工顺序和施工方法及施工技术组织措施，保证拟建工程按照预定的工期竣工。

二、施工组织设计的作用

（1）施工组织设计是施工准备工作的主要组成部分，为工程项目的招标投

标以及有关建设工作的决策提供依据。

（2）施工组织设计是拟建工程施工全过程科学管理的重要手段，是编制施工预算和施工计划的主要依据，是施工企业合理组织施工和加强项目管理的重要手段。

（3）施工组织设计所提出的各项资源需要量计划，直接为组织材料、机具、设备、劳动力需要量的供应和使用提供数据。

（4）施工组织设计为拟建工程的设计方案在技术上的可行性、经济上的合理性、实施过程中的可能性进行论证并提供依据。

（5）施工组织设计可以把各施工单位之间、各工作部门之间、各工种之间的关系更好地协调起来。

（6）施工组织设计的编制充分考虑施工中可能遇到的风险，可事先采取有效的预防措施，把可能遇到的风险降到最低，从而提高了施工的预见性，减少了施工的盲目性，为实现建设目标提供了技术保证。

（7）施工组织设计是对施工现场的总体规划和布置，为施工现场的绿色施工、安全施工、文明施工创造了条件。

（8）施工组织设计是统筹安排施工企业生产的投入和产出过程的关键和依据。土木工程产品的生产要求是投入生产要素，通过一定的生产过程，而后生产出土木工程产品，在这个过程中离不开管理这个环节。也就是说，施工企业从投标开始到竣工验收交付使用全过程的计划、组织、指挥、控制的基础就是施工组织设计文件。

三、施工组织设计的分类

（一）按编制的目的不同分类

施工组织设计按编制的目的不同可分为两类：

1. 标前编制的施工组织设计

在投标阶段以招标文件为依据，为满足投标书和签订施工合同的需要编制的施工组织设计。其编制目的就是中标。

2. 标后编制的施工组织设计

在中标后施工前，以施工合同和标前编制的施工组织设计为依据，为满足施工准备和施工生产的需要编制的施工组织设计。其编制目的是指导施工准备和施工生产，提高施工企业的经济效益。

（二）按编制的对象不同分类

施工组织设计按编制的对象不同可分为三类：

1. 施工组织总设计

施工组织总设计是以若干单位工程组成的群体工程或特大型项目为主要对象编制的施工组织设计，对整个项目的施工过程起统筹规划、重点控制作用。施工组织总设计一般在初步设计或扩大初步设计被批准后，由总承包企业的总工程师负责，会同建设单位、设计单位和分包单位的工程师共同编制。施工组织总设计的内容包括工程概况、总体施工部署、施工总进度计划、总体施工准备与主要资源配置计划、主要施工方法、施工总平面布置。

2. 单位工程施工组织设计

单位工程施工组织设计是以单位（子单位）工程为主要对象编制的施工组织设计，对单位（子单位）工程的施工过程起指导和制约作用。它是施工组织总设计的具体化，直接指导单位工程的施工管理和技术经济活动。单位工程施工组织设计通常是在施工图设计完成后，由工程项目的技术负责人负责编制。单位工程施工组织设计的内容包括工程概况、施工部署、施工进度计划、施工准备与资源配置计划、主要施工方案、施工现场平面布置。

3. 施工方案

施工方案是以分部（分项）工程或专项工程为主要对象编制的施工技术与组织方案，用以具体指导其施工过程。它是针对某些特别重要的，技术复杂的，或采用新技术、新工艺施工的分部（分项）工程或专项工程，其内容具体、详细、可操作性强，是直接指导分部（分项）工程或专项工程施工的依据，由施工队（组）的技术负责人编制。施工方案的内容包括工程概况、施工安排、施工进度计划、施工准备与资源配置计划、施工方法及工艺要求。

四、施工组织设计的编制依据

施工组织设计的编制依据包括：

（1）与工程建设有关的法律法规和文件。

（2）国家现行有关标准和技术经济指标。

（3）工程所在地区行政主管部门的批准文件，建设单位对施工的要求。

（4）工程施工合同和招标投标文件。

（5）工程设计文件。

（6）工程施工范围内的现场条件，工程地质及水文地质、气象等自然条件。

（7）与工程有关的资源供应情况。

（8）施工企业的生产能力、机具设备状况、技术水平等。

五、施工组织设计的编制原则

施工组织设计的编制必须遵循下列原则：

（1）符合施工合同或招标文件中有关工程进度、质量、安全、环境保护、造价等方面的要求。

（2）积极开发、使用新技术和新工艺，推广应用新材料和新设备。

（3）坚持科学的施工程序和合理的施工顺序，采用流水施工和网络计划等方法，科学配置资源，合理布置现场，采用季节性施工措施，实现均衡施工，达到合理的经济技术指标。

（4）采取技术和管理措施，推广建筑节能和绿色施工。

（5）与质量、环境和职业健康安全三个管理体系有效结合。

六、施工组织设计的内容

施工组织设计应包括编制依据、工程概况、施工部署、施工进度计划、施工准备与资源配置计划、主要施工方法、施工现场平面布置及主要施工管理计划等基本内容。

（一）编制依据

包括工程建设相关的法律法规、技术经济文件、施工现场条件、施工企业生产能力等。

（二）工程概况

工程概况中应概要说明工程性质、建设地点、建设规模、结构类型、建筑面积、施工工期，本地区的地形、地质、水文、气象条件，以及本地区的施工条件、劳动力、材料、构件、机具等供应情况。

（三）施工部署

做好施工任务的组织分工和施工准备工作计划，确定施工方案，合理安排施工顺序。

（四）施工进度计划

施工进度计划是施工活动在时间上和空间上的体现，具体形式有横道图和网络图。

（五）施工准备与资源配置计划

为落实各项施工准备工作，加强检查和监督，要编制施工准备工作计划。做好劳动力及物资的供应、平衡、调度，要编制资源需要量计划。

（六）主要施工方法

制定工程项目主要施工方法的目的是进行技术和资源的准备工作，对施工方法的确定要考虑技术工艺的先进性、可操作性和经济上的合理性。

（七）施工现场平面布置

施工现场平面布置是对拟建工程的施工现场，根据施工需要，按照一定的规则和比例做出的平面和空间的规划。

（八）主要施工管理计划

主要施工管理计划包括进度管理规划、质量管理规划、安全管理规划、环境管理规划、成本管理规划和其他管理规划。

第五节　施工准备工作

土木工程施工是一项复杂的生产活动，不但要消耗大量的人力、物力和财力，还需要处理各种技术问题和协调各种协作配合关系。施工准备工作是为了保证拟建项目顺利开工和施工活动的正常进行而事先必须做好的各项准备工作，是施工程序的重要环节之一，不仅存在于开工之前，而且贯穿整个工程项目的全过程。

实践证明，做好施工准备工作，对保证工程质量、加快施工进度、降低工程成本、保证施工安全具有重要的作用。

一、施工准备工作的意义

（一）遵循建筑施工程序

建筑施工程序包括签订工程施工合同、做好施工准备、组织施工、竣工验收。施工准备工作是建筑施工程序的一个重要阶段，是组织土木工程施工客观规律的要求，不论是建设项目、单项工程、单位工程、分部工程、分项工程，在开工之前都必须做好施工准备工作，违反了建筑施工程序就会造成重大经济损失，甚至出现安全事故。

（二）降低施工风险

由于土木工程产品及其施工生产的特点，其生产过程受外界因素影响较大，施工生产中不可预见的风险就多。只有充分地做好施工准备工作，采取有效的预防措施，防患于未然，把可能出现的风险消灭在萌芽状态，才能降低风险发生的概率，减少风险造成的损失。常用的风险防范对策有风险规避、风险减轻、风险自留、风险转移等。

（三）创造工程开工和施工条件

土木工程施工不仅要消耗大量材料，使用许多机械设备，安排各工种人力，而且要协调施工过程中各参与方之间的关系以及处理施工过程中遇到的各种技术问题。只有充分地做好施工准备工作，才能创造良好的开工和施工条件，使施工作业能够顺利进行。

（四）提高工程项目的综合经济效益

做好施工准备工作，积极为工程项目创造一切有利的施工条件，才能保证施工作业的正常进行，提高工程质量，加快施工进度，降低工程成本，使工程项目按期完工，投入运营，发挥投资效益。

二、施工准备工作的任务

（一）取得工程项目施工的法律依据

这些法律依据包括城市规划、环卫、交通、电力、消防、市政、公用事业等部门批准的法律依据。

（二）掌握工程项目的特点和关键环节

每一个工程项目都有其自身的独特性，没有两个工程项目是完全相同的。针对工程项目的特点，采用现代管理的手段和方法，抓住工程项目管理中的关键环节，对工程建设的全过程进行管理和控制，实现生产要素在工程项目中的优化配置，为用户提供优质服务。

（三）调查和分析各种施工条件

施工条件是指拟建项目地区的自然条件、技术经济条件和社会生活条件。为满足施工的要求，从计划、组织、技术、物资、人员、场地等方面创造必备的条件，保证工程项目顺利进行。

（四）对施工过程中可能出现的变化提出应变的措施，做好应变准备

由无施工过程持续时间很长，不确定性因素很多，针对工程项目本身的复杂性，要建立一套完整的防范体系，协调好各种资源，进行日常的防范处理准备工作，对建设工程项目的全过程实行动态管理，最大限度地实现工程项目的目标。

三、施工准备工作的要求

（一）施工准备工作应有组织、有计划，分阶段、按步骤进行

建立施工准备工作的组织机构，编制施工准备工作计划表，将施工准备工作划分为施工前的准备工作、施工过程中的准备工作以及竣工验收的准备工作等，使施工准备工作分阶段、按步骤进行。

（二）建立施工准备工作责任制

由于施工准备工作内容多、范围广，必须建立施工准备工作责任制，按计划把施工准备工作逐层分解，落实到有关部门和个人，明确各级部门项目管理者在施工准备工作中应该承担的责任，真正做到责任到人。

（三）建立检查制度

在施工准备工作实施过程中，要定期进行检查，可按天、周、旬、月进行检查，主要检查施工准备工作的执行情况，定期进行施工准备工作的计划值和实际值的比较，如有偏差，则采取纠偏措施进行纠偏。

（四）实行开工报告和审批制度

当施工准备工作达到开工条件时，施工单位应提交申请开工报告，监理工程师对各项施工准备工作审查合格后，可批准开工报告同意开工。

（五）项目各参与方进行有效沟通和协调

由于施工准备工作涉及面广，除施工单位外，还包括建设、勘察设计、监理、咨询服务等单位的支持，所以在项目的运行中，各参与方要通力协作、步调统一，进行信息的沟通和协调，共同做好项目的施工准备工作。

四、施工准备工作的分类

（一）按施工准备工作的范围分类

按施工准备工作的范围分类，施工准备工作一般可分为全场性施工准备、单位工程施工条件准备和施工方案作业条件准备。

1. 全场性施工准备

全场性施工准备是以整个建设项目或建筑群为对象而进行的各项施工准备。它是为整个建设项目或建筑群的顺利施工创造条件，即为全场性的施工做好准备，而且兼顾单位工程施工条件的准备。

2. 单位工程施工条件准备

单位工程施工条件准备是以一个建筑物或构筑物为对象而进行的施工条件准备。它不仅要为单位工程在开工前做好一切准备工作，而且要为施工方案做好施工准备工作。

单位工程开工应当具备的条件：施工图纸已经会审，图纸中存在的问题已经修正；施工组织设计或施工方案已经批准并进行交底；施工图预算已经编制和审定，并已签订施工合同；场地已平整，障碍物已清除；施工用水、用电、道路能满足施工需要；材料、成品、半成品和工艺设备已落实，能满足连续施工的需要；各种临时设施和生活福利设施能满足生产和生活的需要；施工机械、设备已进场，能正常使用；劳动力已经落实，可以按时进场工作；现场安全、防火设施已经具备；已办理开工许可证。

3. 施工方案作业条件准备

施工方案作业条件准备是以分部（分项）工程或专项工程为对象而进行的

施工条件准备。

（二）按拟建工程所处的施工阶段分类

按拟建工程所处的施工阶段分类，施工准备工作通常可分为开工前的施工准备和工程作业条件的施工准备。

1. 开工前的施工准备

开工前的施工准备是指拟建工程开工前的各项准备工作，其特点是带有全局性和总体性。

2. 工程作业条件的施工准备

工程作业条件的施工准备是为某一单位工程、某个施工阶段、某个分部（分项）工程、某个专项工程或某个施工环节所做的施工准备工作，其特点是带有局部性和经常性。

五、施工准备工作的内容

施工准备工作是土木工程施工组织与管理的重要内容，它不仅在施工准备阶段进行，而且贯穿整个施工的全过程。

土木工程项目施工准备工作通常分为六个方面的内容：技术准备、物资准备、资金准备、劳动组织准备、施工现场准备和施工场外准备。

（一）技术准备

技术准备是施工准备工作的核心。它包括熟悉和审查施工图纸及相关资料、调查和分析原始资料、编制施工预算和施工图预算以及编制标后施工组织设计。

1. 熟悉和审查施工图纸及相关资料

（1）审查施工图纸及相关资料是否符合国家有关工程设计和施工方面的方针政策。

（2）审查施工图纸及相关资料与说明书在内容上是否一致，相互之间有无矛盾和错误。

（3）审查施工图纸及相关资料是否齐全，有无遗漏。

（4）审查建筑图和结构图在轴线、尺寸、位置、标高等方面是否一致，技术要求是否正确。

（5）熟悉和审查施工图纸的程序为自审、会审和现场签证三个阶段。

（6）审查工业项目的生产工艺流程和技术要求，掌握土建施工质量是否满足设备安装的要求，土建施工和设备安装在相互配合中有哪些技术问题，能否合理解决。

（7）审查地基处理和基础设计同拟建项目所处地点的工程地质、水文等条件是否一致。

（8）明确建设期限，分期分批投入或交付使用的顺序和时间，以及工程所用主要材料、设备的数量、规格、来源和供货日期。

（9）明确建设单位、设计单位和施工单位等单位之间的协作关系和配合关系，以及建设单位可以提供的施工条件。

2. 调查和分析原始资料

调查和分析原始资料是施工准备工作的内容之一，尤其是当施工单位进入一个新的地区时，此项工作就更加重要，关系到施工单位全局的部署。它包括自然条件的调查和分析及技术经济条件的调查和分析。

（1）自然条件的调查和分析

建设地区自然条件调查和分析的主要内容：建设地区的地形图、规划图，控制桩与水准点的位置、地形、地质特征；工程钻孔布置图、地质剖面图、地基各项物理力学指标试验报告、土质稳定性资料、地基土的承载能力、抗震设防烈度；地下水的流向、流速、流量和最高、最低水位；全年各月平均气温和最高、最低温度；全年降雨量、主导风向及频率；施工区域现有建筑物、构筑物、沟渠、树木、高压线路等。

（2）技术经济条件的调查和分析

建设地区技术经济条件调查和分析的主要内容：地方建筑施工企业的状况；地方资源和交通运输状况；建设地区供水、供热、供气和供电条件；建设地区的劳动力和技术水平状况；建设地区的文化教育、社会治安、医疗卫生状况等。

3. 编制施工预算和施工图预算

施工预算是施工单位根据施工图纸、施工定额、施工及验收规范、施工组织设计以及施工方案等文件编制的施工企业内部的经济文件。施工预算的编制是施工前的一项重要准备工作。施工预算是施工企业编制施工进度计划以及各种资源需要量计划的依据，是施工企业签发施工任务书、限额领料、实行经济核算和经济活动分析的依据。

施工图预算是根据批准的施工图设计、预算定额、单位估价表、施工组织设计等文件编制的工程造价文件。施工图预算是确定工程造价、签订施工合同、拨付工程价款、经济核算、考核工程成本、进行施工准备的依据。

4. 编制标后施工组织设计

标后施工组织设计是施工准备工作的重要组成部分，是施工单位在施工准备工作阶段编制的指导拟建工程从施工准备到竣工验收交付使用的综合性的技术经济文件。它是指导施工的主要依据。标后施工组织设计从施工全局出发，统筹安排施工活动的各个方面，按最佳施工方案组织施工。

（二）物资准备

物资准备是指施工中对劳动手段和劳动对象等的准备。劳动手段如施工机械、施工工具和临时设施，劳动对象如材料、构配件等。劳动手段和劳动对象是保证施工顺利的物质基础。物资准备工作是一项复杂而又细致的工作，必须在工程开工前完成。

物资准备的主要内容：建筑材料准备、建筑构配件及设备订货准备、周转材料准备、建筑施工机具准备、生产工艺设备准备。

1. 建筑材料准备

建筑材料准备主要是根据工料分析，按照施工进度计划的要求，以及材料消耗定额和储备定额，按材料名称、规格、使用时间进行汇总，编制出建筑材料需要量计划，为组织运输，确定供应方式、供应地点、堆场面积和签订物资供应合同提供依据。

建筑材料准备主要是指钢材、木材、水泥、地方材料以及装饰材料的准备等。

2. 建筑构配件及设备订货准备

根据工料分析提供的建筑构配件的名称、规格、数量和质量，确定加工方案、供应渠道以及进场后的储存方式和地点，编制建筑构配件需要量计划，按施工平面图的要求进行合理布置。根据需求计划，向有关厂家提出设备订货要求，签订设备订货合同，满足施工活动对设备的需求。

3. 周转材料准备

周转材料是指在施工过程中多次使用、周转的工具性材料，如钢筋混凝土工程中使用的模板、脚手架，土方工程施工中使用的挡土板等。按施工方案的要求，确定周转材料的名称、规格、数量、质量以及分期分批进场的时间和存放地点，编制周转材料需要量计划，为组织运输和确定周转材料堆场面积提供依据。

4．建筑施工机具准备

根据施工方案和施工进度，确定施工机械的类型、数量以及进出场的时间，确定施工机具的供应方式和进场时的存放地点，编制施工机具需要量计划，为组织施工机具运输和确定施工机具停放位置提供依据。

5．生产工艺设备准备

根据拟建工程生产工艺流程和工艺设备布置图，提出工艺设备的名称、型号、数量、生产能力，确定分期分批进场时间和保管方式，编制生产工艺设备需要量计划，为组织生产工艺设备运输和确定生产工艺设备堆场面积提供依据。

物资准备的工作程序包括编制各种物资需要量计划、签订物资供应合同、编制物资运输计划、确定物资的进场和保管方式。

（三）资金准备

工程开工前，发包人应按建设工程施工合同的规定提前支付承包人一笔款额，用于承包人为合同工程施工购置材料、机械设备，修建临时设施以及施工队伍进场等。承包人应在签订合同后向发包人提交预付款支付申请，发包人应当在合同约定的时间内向承包人支付预付款，如该款项未及时到位，应及时催办，不得延误。总之，在工程开工前，资金准备工作一定要落实到位，以保证工程项目施工的顺利进行。

（四）劳动组织准备

工程项目劳动组织准备工作的内容：确定工程项目管理的组织模式、组建项目经理部、组织劳动力进场、建立健全各项管理制度、向施工班组和工人进行技术交底。

1．确定工程项目管理的组织模式

根据拟建工程项目的特点，建立一个能高效运转的项目管理组织机构。一个好的组织机构可以有效地完成项目管理目标，有效地应对环境的变化，满足组织成员生理、心理和社会方面的需求，使组织成员产生集体思想和集体意识，使组织系统能够正常运转，完成项目管理任务。

2. 组建项目经理部

项目经理部是项目管理的工作班子，它是由项目经理领导，承担项目实施的管理任务和目标实现的全面责任。为了充分发挥项目经理部在项目管理中的主体作用，必须设计好、组建好、运转好项目经理部，发挥其应有的职能作用。项目经理部负责施工项目从开工到竣工的施工生产经营管理，为项目经理决策提供依据、当好参谋，向项目经理全面负责，同时，项目经理部作为项目团队，应具有团结协作的精神。项目经理部是施工现场管理的一次性的施工生产经营管理机构，随着工程项目的开始而产生，随着工程项目的完成而解体。

3. 组织劳动力进场

项目经理部组建以后，确定各职能部门的职责、分工和权限，集结施工力量，制定劳动力需要量计划，组织劳动力进场，要做好后勤保障工作，安排好职工的生活，要对职工进行安全、文明教育。

4. 建立健全各项管理制度

建立健全各项管理制度是保证施工活动顺利进行的重要措施。管理制度通常包括图纸学习和会审制度、技术交底制度、材料以及构件试验检验制度、工程质量检查及验收制度、工程技术档案制度、技术措施制度、成本核算制度、机械设备管理制度、材料出入库制度、安全操作制度等。

5. 向施工班组和工人进行技术交底

技术交底是一项很重要的技术管理制度，也是保证施工质量的重要措施之一。技术交底就是把工程项目的设计内容、施工计划和施工技术向施工班组和工人进行详细的讲解和交代。技术交底的内容主要包括任务范围、施工方法、质量标准和验收标准、施工中应注意的问题、预防措施、应急方案、安全防护措施以及文明施工措施等。技术交底的形式有书面、口头、会议、样板、示范等。

（五）施工现场准备

施工现场准备主要是为工程项目创造有利的施工条件，根据已编制的施工组织设计有关各项要求进行。施工现场准备工作的内容有施工场地控制网的测量、"三通一平"、施工场地的补充勘探、清除障碍物、搭设临时设施、组织建筑材料和施工机具进场及安装和调试施工机具、做好季节性施工措施、做好消防和安保措施。

1. 施工场地控制网的测量

控制网的稳定和正确是确保土木工程施工质量的首要条件。为了使建筑物或构筑物的平面位置和高程符合设计要求，施工前应根据建设单位提供的由规划部门给定的永久性经纬坐标控制网和水平控制基桩，按建筑总平面图的要求，建立工程测量控制网，控制网一般采用方格网。施工测量的工作是先布设施工控制网，以施工控制网为基础测设建筑物的主轴线，根据主轴线进行建筑物细部放样。施工测量仪器通常有水准仪、经纬仪和全站仪等。

2. "三通一平"

"三通一平"通常是指水通、电通、路通和场地平整。

（1）水通

水是施工现场必不可少的。施工用水包括生产用水、生活用水和消防用水。工程项目开工前，应按照施工总平面图的要求，铺设临时管线，尽可能与永久性的给水系统结合起来，满足生产、生活和消防用水的需要。尽量缩短管线铺设的长度，降低通水的成本，同时要做好地面排水系统，创造一个良好的施工环境。

（2）电通

电也是施工现场必不可少的。施工现场用电包括生产用电和生活用电。电是施工现场的主要动力来源，通常按照施工组织设计的要求布设线路和通电设备。如电力供应不能满足施工现场的需要，则应考虑在施工现场建立发电系统，以保证施工的顺利进行。同时施工现场临时用电要考虑安全和节能措施。

（3）路通

施工现场的道路是组织物资运输的动脉。拟建工程开工前，应按照施工总平面图的要求，修好施工场地的永久性道路和必要的临时性道路。为节省修路费用，尽可能利用原有的道路，形成畅通的运输网络。因此，工程开工前应修好道路网，保证施工过程中道路通畅以及加强使用过程中道路的维护管理。

（4）场地平整

按照施工总平面图的要求，计算场区挖填土方量，确定场地平整方案，设计场区最优调配方案。尽量做到场区土方量的挖填平衡，使场区内的土方总运输量最小，降低土方运输费用。

实际在施工现场应做的准备工作往往不只是水通、电通、路通和场地平整，还需要热通、煤气通、电话通等，有"五通一平""七通一平"之说，但最基本的是"三通一平"。

3. 施工场地的补充勘探

施工场地的补充勘探是一项非常重要的工作。其目的是进一步寻找枯井、古墓、防空洞、地下管道、暗沟、枯树根等隐蔽物，以便及时拟定处理方案并实施，保证基础工程施工的顺利进行。

4. 清除障碍物

施工现场的一切障碍物，不论是地上的还是地下的，在工程开工之前都必须清除。这项工作由建设单位完成或者由建设单位委托施工单位完成。在完成这项工作之前，一定要搞清楚施工现场的情况，尤其是在老城区，原有的建筑物和构筑物情况比较复杂，原有资料残缺不全，这就给清除工作带来安全隐患，需要制定有效的安全措施。

普通房屋，只要水、电切断后就可以拆除。对于比较坚固的房屋，可能会采取爆破的方式，要专门爆破人员实施，需相关部门批准。

架空电线、地下电缆的拆除，要与电力部门、通信部门沟通并办理相关手续才可以实施。

自来水、污水、燃气、热力等管道的拆除，要与相关部门沟通并办理相关手续由专业公司完成。

施工场地内的树木移除或砍伐，要和园林部门沟通并办理相关手续才可以实施。

清除障碍物后留下的建筑垃圾或渣土都应及时清理到施工场外，车辆运输时应遵守交通、环保部门的规定，运土的车辆要按指定的时间和路线行驶，对运输车辆采取封闭或洒水措施，避免渣土飞扬污染环境。

5. 搭设临时设施

施工现场临时设施的布置应按照施工总平面图的要求进行。为施工方便以及文明施工，施工现场应该围挡封闭，与外界隔绝。市区主要路段的工地设置围挡的高度不低于 2.5 m，其他工地设置围挡的高度不低于 1.8 m。围挡材料要求坚固、稳定、统一、整洁和美观。按照文明工地标准及相关文件规定的尺寸和规格制作各类工程标志牌，如"五牌一图"，即工程概况牌、管理人员名单及监督电话牌、消防保卫牌、安全生产牌、文明施工牌和施工现场平面图。

所有生产和生活用临时设施，包括各种仓库、混凝土搅拌站、加工厂、作业棚、办公用房、宿舍、食堂、文化生活福利设施等，均按施工组织设计的要求搭设，尽量利用施工场地现有的设施，尽可能减少搭设临时设施的费用，降低工程建设成本。

6. 组织建筑材料和施工机具进场及安装和调试施工机具

根据材料需要量计划、施工机具需要量计划，组织建筑材料和施工机具进场，按照施工总平面图规定的地点和指定的方式进行储存和堆放。对所有的施工机具在开工之前要进行检查和试运转。

7. 做好季节性施工措施

土木工程施工绝大部分是露天作业，受外界气候影响较大。为保证工程项目按期完成，必须做好季节性施工措施。季节性施工措施包括冬期施工措施、雨期施工措施和夏期施工措施。

（1）冬期施工措施

冬期施工条件较差，技术要求高，费用增加多，要合理安排施工进度计划。为保证工程质量，尽量安排费用增加较少又适宜冬期施工的项目，如吊装工程、打桩工程、室内装饰工程等。而费用增加较多又不能保证工程质量的项目不宜安排在冬期施工，如土方工程、基础工程、室外装饰工程、屋面工程等。

冬期施工的工程项目，应编制冬期施工方案，可依据《建筑工程冬期施工规程》（JGJ/T 104-2011）进行编制。编制原则是保证工程质量、经济合理、费用增加最少。所需的热源和材料要有可靠的来源，并尽量减少能源消耗，确保能缩短工期。要落实热源供应和管理工作，做好保温防冻和测温工作，要加强安全教育，做好职工培训及冬期施工的技术操作培训，防止安全事故的发生。

（2）雨期施工措施

为避免雨期窝工造成损失，通常在雨期到来之前，多安排完成土方工程、基础工程、室外工程、屋面工程等不宜在雨期施工的项目，多留些室内工程在雨期施工，合理安排雨期施工项目。

做好道路维修，防止路面凹陷，保证运输畅通。做好雨期到来之前各种材料物资的储存，减少雨期运输量，准备必要的防雨器材。雨期施工对施工现场的各种机具设备要进行安全检查，尤其是脚手架、垂直运输机械等。要采取有效的预防手段，防止雷击、漏电、倒塌事故发生。

要编制雨期施工的技术措施，认真组织职工学习雨期施工的规定要求，做好雨期施工的安全教育，确保工程质量，避免安全事故的发生。

（3）夏期施工措施

夏期施工条件较差，气温高，要合理安排夏期施工的项目。要编制夏期施工的技术方案，采取相应的技术措施确保工程项目施工的质量。如夏期混凝土浇筑前，施工作业面宜采取遮阳措施，应对模板、钢筋和施工机具采用洒水等降温措施，但混凝土浇筑前模板内不得有积水。大体积混凝土在夏期施工，必须选择合理的浇筑方案，同时做好测温和养护工作，保证大体积混凝土浇筑的质量。

夏期经常有雷电，施工现场要有防雷装置，特别是高层建筑等按规定要有避雷装置，确保施工现场用电设备的安全运行。

夏期施工要做好职工的防暑降温工作，要合理调配施工人员的工作时间和休息时间，保证施工人员的身体健康。

8. 做好消防和安保措施

根据施工组织设计的要求，按照施工总平面图的布置，建立消防和安保组织机构，制定各项规章制度，预防施工现场火灾事故和其他意外事故的发生，确保施工现场安全施工。

（六）施工场外准备

施工场外准备工作的内容有材料的加工和订货、签订分包合同、提交开工申请。

1. 材料的加工和订货

建筑材料、构配件以及工艺设备是工程项目顺利完成的物质保证。同建筑材料、构配件的生产部门以及和工艺设备的制造部门订立买卖合同，保证按时保质保量地交货，这对于施工单位的施工准备是非常重要的。

2．签订分包合同

承包人必须自行完成建设项目的主要部分，非主要部分或专业性较强的工程可分包给资质条件符合该工程技术要求的其他建筑安装单位。如大型土石方工程、结构安装工程、设备安装工程。应尽快做好分包或劳务安排，并与分包单位签订分包合同，保证工程项目按时实施。

3．提交开工申请

当材料的加工和订货合同、分包合同签订以后，应及时提出开工申请，上报相关部门批准。

六、施工准备工作计划

为落实各项施工准备工作，加强检查和监督，必须根据各项施工准备工作的内容，编制施工准备工作计划。

施工准备工作计划通常用表格的形式表示，包括施工准备工作的内容、要求、负责单位、负责人、配合单位、起止时间等；也可以采用编制施工准备工作网络计划的方法，明确各项施工准备工作之间的逻辑关系，确定关键工作和关键线路，对网络计划中关键线路上的施工准备工作的工期进行检查和调整，使各项施工准备工作有组织、有计划地进行。

由于各项施工准备工作并不是孤立存在的，而是相互联系的，为了提高施工准备工作的质量，加快施工准备工作的进度，一定要协调好各参与方之间的关系，使各参与方能够就准备工作信息内容进行交流，真正做到信息资源共享。

第二章　土木工程设施

第一节　建筑工程

建筑工程过去称为工业与民用建筑（即工民建），它是对新建、扩建或改建房屋建筑物和附属构筑物设施所进行的规划、勘察、设计、施工、竣工等各项技术工作和完成的工程实体。

建筑结构是在一个空间中用各种基本的结构构件集而合成并具有某种特征的有机体。只有当人们将各种基本构件合理地集合成主体结构体系，并将其有效联系起来，才可能组成一个具有使用功能的空间，并使之作为一个整体结构将作用在其上的荷载传递到地基。

一、基本构件与结构体系

建筑物一般指供人们进行生产、生活或其他活动的房屋或场所，如办公楼、住宅、教学楼等。建筑物包括承重结构和围护结构两部分，承重结构指建筑物中用来承受各种荷载或者能起到骨架作用的空间受力体系；围护结构指建筑物及房间各面的围挡物，如门、窗等。

构成结构的各个元素称为结构构件。常见的基本构件有板、梁、柱、墙等。

（一）基本构件

1. 板

板是指平面尺寸较大而厚度相对较小的受弯构件，一般水平放置，但有时也斜向放置（如楼梯板）或竖向放置（如墙板）。其主要承受垂直于板面方向的荷载，受力以弯矩、剪力、扭矩为主，但在结构计算中剪力和扭矩往往可以忽略不计。

板的种类繁多，按受力特点可分为单向板和双向板两种。根据《混凝土结构设计规范》（GB 50010–2010），当长边与短边长度之比小于或等于2.0时，应按双向板计算；当长边与短边长度之比大于2.0，但小于3.0时，宜按双向板计算；长边与短边长度之比大于或等于3.0时，可按沿短边方向受力的单向板计算。

单向板指板上的荷载沿一个方向传递到支承构件上的板，双向板指板上的荷载沿两个方向传递到支承构件上的板。

2．梁

梁是工程结构中的受弯构件，通常水平放置，但有时也斜向设置以满足使用要求，如楼梯梁。梁的截面高度与跨度之比一般为 1/8 ~ 1/16，梁的截面高度通常大于其宽度，主要承受与其轴线垂直的横向荷载。

梁的种类如下：

（1）梁按截面形式可分为矩形梁、T形梁、倒T形梁、L形梁、Z形梁、槽形梁、箱形梁、空腹梁、叠合梁、花篮梁等。

（2）按所用材料分为钢梁、钢筋混凝土梁、预应力混凝土梁、木梁以及钢与混凝土组成的组合梁等。

（3）按梁的常见支承方式分为简支梁、悬臂梁、一端简支另一端固定梁、两端固定梁、连续梁等。

（4）按在结构中的位置可分为主梁、次梁、连梁、圈梁、过梁等。

3．柱

柱是指承受梁传来的荷载及其自重的线形构件，其截面尺寸远小于高度，工程中柱主要承受压力，有时也承受弯矩。

柱按截面形式可分为方柱、圆柱、管柱、矩形柱、工字形柱、H形柱、L形柱、十字形柱、双肢柱等。柱按所用材料分为砖柱、混凝土柱、钢柱、钢筋混凝土柱等。

工程中，最常见的柱是钢筋混凝土组合柱，广泛应用于各种建筑。钢筋混凝土柱按制造方法和施工方法可分为现浇柱和预制柱两种。

4．墙

墙是一种竖向平面或曲面构件，墙的长度和宽度远大于其厚度。墙主要承受自重，也可能承受其上梁、板传来的压力，荷载作用方向通常与墙面平行。

墙按受力情况有以承受重力为主的承重墙、以承受风力或地震产生的水平力为主的剪力墙，以及作为隔断等非受力作用的非承重墙等。

（二）结构体系

从建筑物的组成部分的分析中可以得出，它们可以分属不同的子系统，即建筑物的结构支承系统和维护、分隔系统。有的组成部分兼具两种不同系统的功能。建筑物的结构支承系统指建筑物的结构受力系统以及保证结构稳定性的系统。不同类型的结构体系，由于材料、构件组成关系、力学特征等不同，其所适用的建筑类型是不尽相同的。

按照结构体系的不同，可以将建筑分为墙体承重结构、骨架结构体系和空间结构体系。

墙体承重结构支承系统是以部分或全部建筑外墙以及若干内墙作为垂直支承系统的一种体系。根据建筑物的建造材料、高度、荷载等要求，墙体承重结构主要分为砌体墙承重的混合结构系统和钢筋混凝土墙承重系统。前者主要用于低层和多层的民用建筑，特别是住宅、旅馆、学校、幼托、办公用房和一些小型商业用房、工业厂房、诊疗所等，后者主要用于高层建筑，特别是高层的办公楼、旅馆、病房、住宅等建筑中。

与墙体承重结构比较而言，骨架承重结构体系在建筑空间布置上实现了"用两根柱子和一根横梁来取代一片承重墙"的构思，适用于需要灵活分隔空间或是内部空旷的建筑物，而且建筑立面处理也较为灵活。根据受力特点不同，其又可以分为框架结构、框剪结构、简体结构、板柱结构等。

框架结构主要结构承重构件为板、梁和柱，不承重的围护、分隔构件在主体骨架结构完成后再施工，空间分隔较自由，建筑形态可有较多变化，但要求柱网对位需清晰，布置不宜过于烦琐，主要用于多层建筑中，如商场、教学楼等。在框架结构的适当部位设置一定数量的剪力墙，就形成了框剪结构，该结构体系被广泛地应用于高层建筑中。

由密柱高梁空间框架或空间剪力墙所组成，在水平荷载作用下起整体空间作用的抗侧力构件称为简体。它适用于平面或竖向布置繁杂、水平荷载大的高层建筑。

二、单层建筑与多层建筑

建筑物通常可以按使用性质、建筑层数、主体结构所用材料、主体结构形式等进行分类。按照使用性质可以分为民用建筑、工业建筑和农业建筑，其中民用建筑又可分为公共建筑和居住建筑；按照建筑层数可分为单层建筑、多层建筑和高层建筑；按照主体结构形式可分为混合结构、框架结构、剪力墙结构、框剪结构、筒体结构等。

建筑高度指建筑物从室外地面到其檐口或屋面面层的高度，屋顶上的水箱间、电梯机房、楼梯小出口等均不计入。

对于公共建筑：按高度区分，高度超过 24 m 的为高层建筑，等于或低于 24 m 的为单层建筑或多层建筑。对于居住建筑：1 ~ 3 层为低层，4 ~ 6 层为多层，7 ~ 9 层为中高层，10 层及其以上为高层。另外，人们把 10 ~ 12 层的高层住宅称为小高层，通常采取一梯 2 ~ 3 户的多层住宅布局形式，其安全疏散要求较高层略低，也更有利于套型的布置。

无论是居住建筑还是公共建筑，其高度超过 100 m 时均为超高层建筑，其安全设备、设施配置要求要严格得多。

（一）单层建筑

影剧院、工程结构实验室、别墅、车库、仓库、厂房等往往采用单层建筑。单层建筑包括一般单层建筑和大跨度建筑。其中，一般单层建筑按照使用目的又可分为单层民用建筑和单层工业厂房。

1. 单层民用建筑

（1）砖混结构

砖混结构是用砖柱（或砖墙）、钢筋混凝土楼板和屋顶作为主要承重结构，适合开间进深较小，房间面积小的单层建筑或多层建筑。砖混结构在我国应用较为广泛，目前为保护耕地，国家已逐渐禁止大面积使用黏土砖，逐步推广空心砌块的使用。

（2）砖木结构

砖木结构是用砖柱（或砖墙）、木楼板和木屋顶作为主要承重结构。这种结构建造简单，容易就地取材而且费用较低。通常用于农村的屋舍、庙宇建筑等，比较典型的有著名的福建土楼和客家土楼。

（3）竹结构

竹材具有强度高、韧性好、耐磨损、再生性强等特点，是一种绿色环保材料。竹结构设计人性化，居住舒适方便，建造方便快捷，现代轻型竹结构体系在我国的地震多发地区有较大的应用潜力，竹结构住宅凭借其独特的性能，将会有很大的发展空间和潜力。

（4）其他大跨度结构

大跨度结构是指跨度大于 60 m 的建筑。多用于影剧院、展览馆、体育馆、飞机机库等公共建筑。其结构体系常见的有网架结构、网壳结构、悬索结构、悬吊结构、索膜结构、拱结构、折板结构、膜结构、薄壳结构、应力蒙皮结构等。

2. 单层工业厂房

单层工业厂房一般采用钢筋混凝土或钢结构，屋盖采用钢屋架结构。

其按结构材料可分为砌体混合结构、钢结构和钢筋混凝土结构等类型；按施工方法可分为现浇式和装配式两种；按结构形式可分为排架结构和刚架结构两大类，其中排架结构是目前单层工业厂房的基本结构形式。

单层工业厂房具有以下结构特点：

（1）跨度大、高度大、承受的荷载大，故构件的内力和截面尺寸大，用料多。

（2）荷载形式多样，常承受如吊车荷载、机械设备动力等荷载，故设计时应考虑其动力荷载影响。

（3）结构空旷，几乎无隔墙。

（4）基础受力大，故对地质要求高。

（二）多层建筑

多层建筑最常用的结构形式有砌体结构和框架结构。

1. 砌体结构

砌体结构又称为砖石结构，是由砌体作为竖向承重结构、由其他材料构成楼盖所组成的房屋结构。砌体结构具有取材方便，耐火性、耐久性、保温隔热性能好，施工简单、造价低廉等优点。但是与钢筋混凝土相比，砌体结构自重大、强度低、抗震以及抗裂性能较差，常用在层数不高，使用功能要求较简单的民用建筑，如宿舍、住宅中。

2．框架结构

框架结构是多层建筑的主要结构形式，也是高层建筑的基本结构单元，其优点是平面布置灵活；结构自重轻，在一定高度范围内造价较低，结构设计和施工简单，结构整体性、抗震性能较好。其缺点是结构抗侧移刚度小，在水平荷载作用下水平侧移大，故不适于高层建筑。框架结构常用在要求使用空间较大的建筑，比如大型商场、办公楼、超市、多层工业厂房等。

三、高层建筑与超高层建筑

随着城市建设、商业活动和建筑表现艺术的需要，伴随着材料、机电设备、结构体系的协调发展，高层、超高层建筑应运而生。

与多层建筑相比，高层建筑设计具有以下特点：

（1）水平荷载为设计的决定性因素。

（2）动力反应不可低估。

（3）结构轴向变形、剪切变形及温度、沉降的影响加剧。

（4）材料用量、工程造价呈抛物线增长。

高层建筑最突出的外部作用是水平荷载，故其结构体系常称为抗侧力体系。其常见的结构体系有框架结构、剪力墙结构、框架剪力墙结构、框支剪力墙结构和筒体结构等。

（一）剪力墙结构

随着房屋层数和高度的增加，水平荷载对房屋的影响更加明显，因此与框架结构比较，可利用钢筋混凝土墙体承受竖向荷载和抵抗水平荷载，即剪力墙结构体系。

现浇钢筋混凝土剪力墙结构的整体性好、刚度大，在水平荷载作用下侧向变形小，承载力容易满足，因此这种结构形式适合于建造较高的高层建筑。

（二）框架－剪力墙结构

当建筑物需要较大空间且高度超过了框架结构的合理高度时，可采用在框架体系中设置一部分剪力墙来代替部分框架，形成框架－剪力墙结构。

框架－剪力墙结构既可使建筑平面灵活布置，得到自由的使用空间，又可使整个结构抗侧移刚度适当，具有良好的抗震性能。

（三）框支剪力墙结构

为了缓和城市用地紧张，当建筑物上部的办公楼或者住宅需要小开间，适合剪力墙结构，而下部的商店则需要大空间，适合采用框架结构时，将这两种结构组合在一起而成为框支剪力墙体系。上部剪力墙刚度较大而下部框架柱刚度较小，故二者之间需要设置转换构件用于衔接。

（四）筒体结构

筒体结构是框架－剪力墙结构和剪力墙结构的演变与发展，它将抗侧力构件集中设置于建筑物的内部或外部而形成空间封闭的筒体，多用于综合性办公楼等超高层建筑。

筒体结构可分为框筒体系、筒中筒体系、桁架筒体系、成束筒体系等。

1. 框筒体系

布置在房屋周围、由密排柱和深梁形成的密柱深梁框架围成的筒体称为框筒。

框筒体系外筒柱距较密，常常不能满足建筑使用要求。为扩大底层柱距，减少底层柱子数量，可以采用巨大的拱、桁架或梁支承上部的柱子。

2. 筒中筒体系

筒中筒结构一般由核心筒和框筒组成。由于内、外筒的协同工作，结构侧向刚度增大，侧移减小，因此筒中筒多用于商务办公楼，有较大的环形使用空间。

3. 桁架筒体系

在筒体结构中，增加斜撑来抵抗水平荷载，以进一步提高结构承受水平荷载的能力，增加体系的刚度，这种结构体系称为桁架筒体系。

4. 成束筒体系

当平面尺寸或建筑高度进一步加大，以至于框筒结构或筒中筒结构无法满足抗侧刚度要求时，可采用成束筒体系。成束筒体系是由若干单筒集成一体成束状，形成空间刚度极大的抗侧力结构。

第二节 交通土建工程

交通运输是国民经济的动脉，而道路是国家经济和国防建设的基础设施。一个完整的交通运输体系是由轨道运输、道路运输、水路运输、航空运输和管道运输五种运输方式构成的，它们共同承担着客、货的集散与交流。

一、道路工程

（一）道路的类型

道路是指供车辆和行人等通行的工程设施的总称，按其使用范围可分为公路和城市道路等。

1. 公路

根据使用任务、功能和适应的交通量，公路可分为高速公路、一级公路、二级公路、三级公路、四级公路五个等级。

2. 城市道路

城市道路是城市总体规划的主要组成部分。城市道路按交通功能可分为快速道、主干道、次干道和支道；按照服务功能可分为居民区道路、风景区道路和自行车道路。

（二）道路的组成

道路是一种带状的三维空间构造物。道路由路线、路基、路面及其附属设施组成。路线包括平面和纵横断面及交叉口等线形要素；路基是道路行车路面下的基础；路面是位于路基上部用各种材料分层铺筑的构筑物；道路的附属设施包括边沟、截水沟、挡土墙、护坡、护栏、信号、绿化、管理和服务等设施。

（三）道路的结构

1. 路基

路基是道路行车部分的基础，承担着路面及路面汽车传来的荷载路基必须具有一定的力学强度和稳定性，同时又要经济合理。路基的横断面按填挖条件的不同一般可分为路堤、路堑和半路堤三种类型。

路基顶面高于原地面的填方路基称为路堤。

路基顶面低于原地面，由地面开挖出的路基称为路堑。路堑有全路堑、半路堑（又称台口式）和半山洞三种形式。这种断面常用于山岭地区挖方路段

半路堤即半填半挖路基，横断面上半部分为挖方部分，下半部分为填方部分。这种断面常用于丘陵区路段。

2. 路面

路面是指按行车道宽度及其他行车指标在路基上面用各种不同坚硬材料（如土、砂、石、沥青、石灰、水泥等）分层铺筑形成的具有一定厚度的结构物。

路面的工作环境恶劣，既要承受荷载的反复长期作用，又要保证路面能够正常承担工作任务。因此，路面必须具有足够的力学强度和良好的稳定性，以及路面平整和良好的抗滑性能。

3. 排水结构物

为保证路基、路面稳定，免受地面水和地下水的侵害，道路还应修建专门的排水设施。按其排水方向不同，道路的排水分为横向排水和纵向排水两种：横向排水有桥梁、涵洞、路拱、过水路面、透水堤和渡水槽等；纵向排水有边沟、截水沟和排水沟等。

4. 特殊结构物

特殊结构物有隧道、悬出路台、防石廊、挡土墙和防护工程等。

5. 沿线附属结构物

沿线附属结构物有交通管理设施、交通安全设施（如护栏、护柱等）、服务设施（如汽车站、停车场、加油站等）和环境美化设施（如路侧和路中间的绿化）。交通管理设施是为了保证行车安全，为司机指导前面的路况和特点，道路应沿线设置交通标志和路面标志。

（四）高速公路

高速公路是一种具有四条以上车道，路中央设有中央隔离带，分隔双向车辆行驶，互不干扰，全封闭、全立交，控制出入口，严禁产生横向干扰，设有自动化监控系统，沿线设有必要服务设施，为汽车专用的道路。四车道高速公路应能适应将各种汽车折合成小客车的年平均日交通量 25 000 ～ 55 000 辆。

六车道高速公路应能适应将各种汽车折合成小客车的年平均日交通量 45 000 ~ 80 000 辆。八车道高速公路应能适应将各种汽车折合成小客车的年平均日交通量 60 000 ~ 100 000 辆。

1. 高速公路的特征

（1）限制交通，汽车专用

交通限制主要针对车辆和车速加以限制。凡非机动车和由于车速低可能形成危险及妨碍交通的车辆都不能使用高速公路。为避免车速相差过大，减少超车次数，在高速公路上还对最高车速和最低车速做出限制。车速一般限制在 50 ~ 120 km/h。

（2）分隔行驶，安全高速

分隔行驶有两层含义：一是在对向车道间设有中央隔离带，实行往返车道分离，避免对向撞车；二是对同一方向的车辆，至少设置两个车行道并划线分开。

（3）信息化、电子化和自动化的管理

高速公路具有完整的道路交通安全设施、交通监控和组织管理设施及收费系统，对高速公路全线的运营交通实施信息化、电子化和自动化的管理。

2. 高速公路的线形设计

（1）最小平曲线半径及超高横坡限值

对于设计车速为 120 km/h 的高速公路，平曲线的一般最小半径为 1 000 m，极限最小半径为 650 m，超高横坡限值为 10%。

（2）最大纵坡和竖曲线

高速公路的最大纵坡为 3%（平原微丘区）~ 5%（山岭区），竖曲线极限最小半径凹形为 4 000 m，凸形为 11 000 m。

（3）线形要求

高速公路应保证司机有良好的视线诱导，因此不应出现急剧的起伏和扭曲的线性，并使线性保持连续、顺畅与调和，即在视线所及的一定范围内不能出现弯折、错位、突变、虚空或遮断，线性彼此有良好的配合，圆滑顺畅，没有过大差比。

（4）横断面

行车带中每一个方向至少有两个车道，便于超车。车道宽 3.75 m。一般在平原微丘区设中央分隔带宽 3.00 m，左侧路缘带宽 0.75 m，中间带全宽 4.50 m。地形受限制时分别为 2.00 m、2.50 m、3.00 m。在平原微丘区，硬路肩宽不应小于 2.50 m，土路肩宽不应小于 0.75 m。

3. 高速公路的沿线设施

高速公路沿线有安全设施、交通管理设施、服务性设施、环境美化设施等。

安全设施一般包括标志（如警告、限制、指示标志等）、标线（用文字或图形来指示行车的安全设施）、护栏、隔离设施（如金属网、常青绿篱等）、照明及防眩设施（为保证夜间行车的安全所设置的照明灯、车灯灯光防眩板等）、视线诱导设施（为保证司机视觉及心理上的安全感，所设置的安全设置轮廓标）等。交通管理设施一般指高速公路入口控制、交通监控设施（如检测器监控、工业电视监控、巡逻监视）等。服务性设施一般有综合性服务站（包括停车场、加油站、修理站、公共卫生间、休息室、小卖部等）、小型休息点（以加油为主，附设公共卫生间、小型停车场等）、停车场等。环境美化设施是保证司机高速行驶时心理、视觉调节的重要环节。因此，高速公路在设计、施工、养护、管理的全过程中，除满足工程和交通的技术要求外，还要以美学观点加以考量，经过反复调整、修改，使高速公路与当地自然风景协调而成为优美的彩带。

4. 高速公路的建设问题

（1）投资大、造价高

我国四车道高速公路平均造价超过 1 200 万元 /km，是普通公路的数十倍，虽然这些投资可在道路运营后逐年收回，但结合我国国情，应统筹规划，分步实施。

（2）占地多，对环境影响大

路基宽按照 26 m 计算，每千米占地面积 0.03 km² 以上。

我国人口众多，人均耕地面积少，因此农业用地与高速公路建设必然存在一定的矛盾。在高速公路上高速行驶的车流所发生的噪声，排放的废气、废液等，将会对环境造成一定的污染。

二、铁路工程

铁路运输是交通运输系统中的主干，对国民经济发展和现代化建设具有重要意义。铁路工程建筑物是铁路运输最主要的基本技术设施，为列车的安全运行提供基本条件。因此，铁路工程建筑物除了具有足够的强度，还必须保持稳定、坚固、耐久、适用。

铁路线路是铁路工程结构体的空间中心定位线，通常用线路平面和纵断面表示。路基和桥隧建筑物建成后，就可以在上面铺设轨道。铁道工程的基本组成如下。

（一）铁路线路设计

铁路线路设计包括选线、定线和全线线路的平面和纵剖面的设计。其中，铁路选线设计作为铁路建设的先行和基础，牵涉面广、综合性强，具有较高的科学性和艺术性，是铁路工程设计中关系全局的总体性工作。其主要任务是根据自然条件和运输任务，结合铁路动力设备，按照列车运动的规律和经济原理，设计新铁路线与改进既有铁路线路的工作。铁路定线就是在地形图上或地面上选定线路的走向，并确定线路，的空间位置。

（二）铁路路基设计

铁路路基是承受并传递轨道重力及列车动态作用的结构，是轨道的基础。路基是一种土石结构，处于各种地形地貌、地质、水文和气候环境中，有时候还遭受洪水、泥石流、地震等自然灾害。铁路路基设计需要考虑以下问题：

1. 横断面

铁路路基的横断面与公路路基横断面类似，其形式有路堤、路堑、半路堤、半路堑、不挖不填等。

2. 路基稳定性

铁路路基必须从以下方面考虑验算其稳定性：路基体所在的工程地质条件，路基的平面位置和形状，轨道类型及其上的动态作用，各种自然营力的作用等。

（三）轨道的构成

轨道铺设在路基上，是直接承受机车车辆巨大压力的部分，它包括钢轨、轨枕、道床、防爬器、道岔和联结零件等主要部件。

三、机场工程

机场工程是规划、设计和建造飞机场等各项设施的统称，在国际上称航空港。

机场是航空运输的基础设施，通常是供飞机起飞、着陆、停驻、维护、补充给养及组织飞行保障活动所用的场所，是民航运输网络中的节点，是航空运输的起点、终点和经停点。

（一）机场的分类与组成

机场按服务对象分为军用机场、民用机场、军民两用机场，按航线性质分为国际航线机场、国内航线机场，按作用大小分为国际机场、干线机场、支线机场。

一个大型完整的机场由空侧和路侧两个区域组成，航站楼是这两个区域的分界线。民航机场的空侧主要有飞行区（含机场跑道、滑行道、机坪、机场净空区）、旅客航站区、货运区、机务维修设施、供油设施、空中交通管制设施、安全保卫设施、救援与消防设施等以保证飞机持续与安全可靠飞行。路侧有行政办公区、生活区、后勤保障设施、地面交通设施以及机场空域等。

（二）机场场道布局

1. 跑道

跑道是机场飞行区的主体，直接供飞机起飞滑跑和着陆滑跑之用。跑道必须有足够的长度、宽度、强度、粗糙度、平整度及规定的坡度，来满足飞机的正常起降。跑道系统由跑道的结构道面、道肩、防吹坪、升降带、跑道端安全区、停止道和净空道组成。

2. 机坪与机场净空区

飞机场的机坪主要有等待坪和掉头坪。等待坪供飞机等待起飞或让路而临时停放使用，通常设在跑道端附近的平行滑行道旁边。掉头坪供飞机掉头用，当飞行区不设平行滑行道时，应在跑道端部设掉头坪。

机场净空区指飞机起飞、着陆涉及的范围，沿着机场周围要有一个没有影响飞行安全的障碍物的区域。为了确保飞机安全，对这个范围内地形地物的高度必须严格控制，不允许有危及飞行安全的障碍物。对机场净空区的规定，受到飞机起落性能、气象条件、导航设备、飞行程序等因素的控制。

（三）航站区布局

航站区主要由航站楼、站坪及停车场组成。

1. 航站楼

航站楼（主要指旅客航站楼，即候机楼）是航站区的主要建筑物。航站楼的设计不仅要考虑其功能，还要考虑其环境、艺术氛围及民族（或地方）风格等。航站楼一侧连着机坪，另一侧与地面交通系统相联系。旅客、行李及货邮在航站楼内办理各种手续，并进行必要的检查以实现运输方式的转换。旅客航站楼的基本功能是安排好旅客、行李的流程，为其改变运输方式提供各种设施和服务，使航空运输安全有序。

2. 站坪、机场停车场与货运区

站坪又称客机坪，是设在机场航站楼前的机坪，供客机停放、上下旅客、完成起飞前的准备和到达后各项作业使用。

第三节 桥梁工程

桥梁是供人、车通行的跨越障碍（江河、山谷或其他线路等）的人工构筑物，是交通运输中的重要组成部分。"桥梁工程"一词包含两层含义：一是指桥梁建筑的实体；二是指建设桥梁所需要的科学知识和技术，包括桥梁的基础理论和研究，桥梁的规划、勘察设计、建造和养护等。

纵观世界各大城市，常以工程雄伟且美观的大桥作为城市的"名片"。因此，桥梁建筑已不仅仅是交通运输中的工程实体，更是作为建筑艺术品而存在。

桥梁按用途分，有铁路桥、公路桥、公路铁路两用桥、人行桥、运水桥（渡槽）及其他专用桥梁（如通过管道、电缆等）；按跨越障碍分，有跨河桥、跨谷桥、跨线桥（又称立交桥）、高架桥、栈桥等；按采用材料分，有木桥、钢桥、钢筋混凝土桥、预应力混凝土桥、圬工桥（包括砖桥、石桥、混凝土桥）等；按桥面在桥跨结构的不同位置分，有上承式桥、下承式桥和中承式桥。其中，上承式桥的桥面布置在桥跨结构的顶面，其桥垮结构的宽度较小，构造简单，桥上视线不受阻挡；下承式桥的桥面布置在桥跨结构的下部，其建筑高度（自轨底至梁底的尺寸）较小，增加了桥下净空，但桥跨结构较宽，构造比较复杂；中承式桥的桥面置于桥跨结构的中部，主要用于拱式桥跨结构。桥按桥梁跨径大小可分为特大桥、大桥、中桥、小桥，桥梁的跨径反映了桥梁的建设规模。

桥按受力特点分，有梁式桥、拱式桥、悬索桥、斜拉桥、刚构桥和组合体系桥。

一、桥梁工程总体规划和设计要点

（一）桥梁工程总体规划

桥梁总体规划的原则是：根据其使用任务、性质和未来发展的需要，全面贯彻安全、经济、适用和美观的原则。一般需要考虑以下要求：

1. 使用上的要求

桥梁必须适用。桥梁行车道和人行道应保证车辆和行人安全通畅，满足将来交通发展需要。桥型、跨度大小和桥下净空应满足泄洪、安全通航和通车的要求，并便于检查和维修。

2. 经济上的要求

桥梁的建造应体现经济合理。桥梁方案选择时要充分考虑因地制宜和就地取材及施工水平等物质条件，力求在满足功能要求的基础上，使总造价和材料消耗最少，工期最短。

3. 结构上的要求

整个桥梁结构及其部件在制造、运输、安装、使用和维护过程中，应具有足够的强度、刚度、稳定性和耐久性，并且要设计思想创新、设计合理。

4. 美观上的要求

桥梁应具有优美的外形，应与周围环境和景色协调。

（二）桥梁工程设计要点

1. 桥位选址

桥位在服从路线总方向的前提下，宜选河道顺直、河床稳定、水面较窄、水流平稳的河段，尽可能与河流垂直。中小桥梁服从路线要求，而路线选择服从大桥的桥位要求。

2. 确定桥梁总跨径和分孔数

综合过水断面、河床地质条件、通航要求、施工技术水平和总造价考虑。分孔数目和跨径大小要考虑桥的通航需要、工程地质条件的优劣、工程造价的高低等因素，一般是跨径越大，总造价越高，施工越困难。

3．桥梁纵横断面布置

根据桥梁连接的道路等级，按照有关规范确定。

4．桥梁选型

从安全实用、经济合理和美观等方面综合考虑。桥梁的长度、宽度和通航孔大小都是桥型选择的独立因素。

二、桥梁的主要结构形式

按照桥梁体系受力特点分类，可分为梁式桥、拱式桥和悬索桥（或称为吊桥），简称"梁、拱、吊"三大基本体系。另外，由上述三大基本体系相互结合，在受力上形成具有组合特征的桥梁，如刚架桥、斜拉桥等。

（一）梁式桥

梁式桥是一种在竖向荷载作用下无水平反力的结构体系。

独立架设在两简支桥墩之间的梁式桥称为简支梁；对于多跨梁式桥，在桥墩处连续而不中断的称为连续梁；在桥墩处连续而在桥孔内中断、线路在桥孔内过渡到另一根梁上的称为续悬臂梁。

（二）拱式桥

拱式桥是世界桥梁史上应用最早、最广泛的一种桥梁体系。拱桥将拱圈或拱肋作为主要承载结构，在竖向荷载作用下，桥墩或桥台承受水平推力，由于水平反力的作用，大大抵消了拱圈（或拱肋）内荷载产生的弯矩。因此，与同跨径的梁相比，拱的弯矩、剪力、变形都要小得多，鉴于拱桥的承重结构以受压为主，通常可用抗压能力强的圬工材料（如砖、石、混凝土）和钢筋混凝土来建造。

拱桥根据桥面在拱肋的不同位置分为上承式拱桥、中承式拱桥和下承式拱桥。

（三）刚架桥

刚架桥是承重结构的梁（板）与支承结构的墩柱整体结合成一体，桥柱结合处有很大刚性的桥梁结构。在竖向荷载作用下，梁部主要受弯，柱脚处有水平反力，其受力状态介于梁桥与拱桥之间。

刚架桥一般有 T 形刚架桥、连续刚架桥和斜腿刚架桥三种类型。

（四）斜拉桥

斜拉桥作为一种拉索体系，其跨越能力比梁式桥和拱式桥更大，是大跨度桥梁的主要桥型。斜拉桥是一种桥面体系受压、受弯、支承体系受拉的桥梁。斜拉桥由主梁、塔柱和斜拉索组成桥梁结构。用高强钢材制成的斜拉索将主梁多点吊起，将其承受的荷载传递到塔柱，再由索塔传递给基础。拉索可充分利用高强度钢材的抗拉性能，又可显著减小主梁的截面面积，使得结构自重大大减轻，故斜拉桥可建成大跨度桥梁。斜拉桥的主梁、塔柱和斜拉索在纵向面内形成了稳定的三角形，因此斜拉桥的结构刚度比悬索桥大，其抗风稳定性比悬索桥好。

拉索的纵向布置有辐射形、竖琴形、扇形和星形。

第四节　隧道与地下工程

全球人口增长和城市化的趋势既影响发达国家，也影响发展中国家，如何使得亿万城市人口的居住、工作、交通和休闲组织得经济、安全又无碍于环境，是全球可持续发展的巨大问题。向地下要土地、要空间，是世界城市发展的必然趋势，并成为衡量城市现代化的重要标志。

一、隧道

（一）隧道的概念与分类

隧道是埋置于土层中的工程建筑物，是人类利用地下空间的一种形式。世界经济合作与发展组织隧道会议将隧道定义为：以某种用途在地面以下用任何方式按照规定形状和尺寸修建的内部净空断面在 2 m^2 以上的条形建筑物。

隧道的种类繁多，从不同的角度出发，有不同的分类方法。按隧道所处的地质条件分为岩石隧道和土质隧道，按隧道所处位置分为山岭隧道、城市隧道和水底隧道，按隧道埋置深度分为浅埋隧道和深埋隧道，按隧道断面形式分为圆形隧道、马蹄形隧道和矩形隧道等，按隧道施工方法分为矿山法隧道、明挖法隧道、盾构法隧道、沉管法隧道、掘进机法隧道等，按隧道车道数分为单车道隧道、双车道隧道和多车道隧道，按隧道用途分为交通隧道、水工隧道、市政隧道、矿山隧道等。

（二）隧道结构组成

隧道的结构包括主体构筑物和附属构筑物两部分。隧道的主体构筑物是为了保持隧道的稳定，保证列车安全运行而修建的，由洞身衬砌和洞门构筑物组成，在洞口有坍塌或落石危险时需要接长洞身或加筑明洞。隧道的附属构筑物是为了养护、维修工作的需要以及供电、通信方面的要求而修建的，包括防排水设施、避车洞、电缆槽、运营通风设施等。

（三）隧道的设计及施工方法

隧道和其他建筑结构物设计一样，基本要求安全、经济和适用。由于隧道是地下结构物，设计时要考虑其特殊性，并尽可能使施工容易、可靠，另外还应考虑通风、照明，安全设施与隧道的相互关系以及整个隧道应该易于养护和管理。

隧道施工主要在开挖和支护两个关键工序上，即如何开挖才能更有利于洞室的稳定和便于支护；若需要支护，如何支护才能有效地保证洞室的稳定和便于开挖。因此，研究隧道施工方法就是研究隧道的开挖、支护的施工程序及方法。隧道施工方法一般有矿山法、掘进机法、沉管法、明挖法等。

二、地下工程

（一）地下工程定义

地下工程是个较为广泛的范畴，泛指修建在地面以下岩层或土层中的各种工程空间与设施，是地层中所建工程的总称。它包括：交通运输方面的地下铁道、隧道、停车场、通道等；军事方面和野战军事的地下指挥所、通信枢纽、掩蔽所、军火库等；工业与民用方面的地下车间、电站、库房、商店、人防与市政地下工程；文化、体育、娱乐与生活等方面的联合建筑体。

（二）地下工程分类

地下工程根据使用目的，分为以下七类：

（1）工业设施：包括仓库、油库、粮库、冷库、各种地下工厂、火电站、核电站等。

（2）民用设施：包括各种人防工程（遮蔽所、指挥所、救护站、地下医院等）、平战时结合的大型公共建筑（地下街、车库、影剧院、餐厅、地下住宅等）。

（3）交通运输设施：包括铁路和道路隧道、城市地下铁道、水底隧道等。

（4）水工设施：包括水电站地下厂房、附属洞室以及引水等水工隧洞。

（5）矿山设施：包括矿井、水平巷道和作业坑道等。

（6）军事设施：包括各种永久的和野战的军事、屯兵和作战坑道、指挥所、通信枢纽部、掩蔽所、军用油库、军用物资仓库、导弹发射井等。

（7）市政设施：包括埋在地下的各类管线、变电站、水厂、污水处理系统、地下垃圾处理系统、管沟等。

三、地下商业建筑

（一）地下商业街

最早的地下街出现在日本，是单纯的地铁车站等附属设施，以人流聚集点（交通枢纽、商业中心）为核心，通过地下步行道将人流疏散的同时在地下步行道中设置必要的商店、各种便利的事务所、防灾等设施。

经过几十年的发展，地下街已从单纯的商业性质变为融商业、交通及其他设施为一体的综合地下服务群体建筑。地下街的基本类型有广场型、街道型和复合型三种。

1. 广场型

广场型多修建在火车站的站前广场或附近广场下面，与交通枢纽连通。这种地下街的特点是规模大、客流量大、停车面积大。

2. 街道型

街道型一般修建在城市中心区较宽广的主干道下，出入口多与地面街道和地面商场相连，也兼作地下人行道或过街人行道。

3. 复合型

复合型为上述两种类型的综合，具有两者的特点，一些大型的地下街多属于此类。地下街应是一个综合体，在不同的城市及不同的位置，其主要功能并不一样。因此，在规划地下街时应明确其主要功能，合理地确定各组成部分及相应的比例。

　　地下街在我国的城市建设中起着多方面的积极作用，其主要体现在：提高地铁的运营效率，发挥地铁车站区位优势，疏导大量人行交通，形成地下步行网络，改善城市步行交通环境，活跃商业等。

（二）地下商场

　　商业是现代城市的重要功能之一。我国地下空间的开发和利用，在经历了一段以民防地下工程建设为主体的历程后，目前正逐步走向与城市的改造、更新相结合的道路。一大批中国式的大中型地下综合体、地下商场在一些城市建成，并发挥了重要的社会作用，取得了良好的经济效益。

　　作为商业建筑，地下商场与地面商场的功能没有本质的区别。但由于地下空间的特殊性，地下商场的修建比在地表修建相对要复杂，成本也高，但发展前景广阔。

（三）地下停车场

　　地下停车场是指建在地下用来停放各种大小机动车辆的建筑物，也称为地下车库，国外一般称停车场。地下停车场宜布置在城市中心区或其他交通繁忙和车辆集中的广场、街道下，使其对改善城市交通起到积极作用。

　　停车场占地面积大，在城市用地日趋紧张的情况下，将停车场放在地面以下，是解决城市中心地区停车难的有效途径之一。

　　总之，利用城市地下空间，解决城市部分公用设施用地问题，是现代城市发展的需要，也是今后城市建设发展的方向。

第五节　水利水电工程

　　水利水电工程的根本任务是除水害、兴水利，前者主要是防止洪水泛滥和洪涝成灾，后者则是从多方面利用水资源为人民造福，包括灌溉、发电、供水、排水、航运、养殖、旅游、改善环境等。

一、水利工程

水利工程是用于控制和调配自然间的地表水和地下水，是为除害兴利而修建的工程。水利工程通过修建坝、堤、溢洪道、水闸、进水口、渠道、渡槽、鱼道等不同类型的水工建筑物而实现其目标。水利事业随着科技的发展而不断发展，逐渐成为国民经济的支柱之一。

（一）水库

水库是指采用工程措施在河流或各地的适当地点修建的人工蓄水池。水库是综合利用水资源的有效措施。它可使地面径流按季节和需要重新分配，根据干旱、水涝灾害，可利用大量的蓄水和形成的水头为国民经济各部门服务。

1. 水库的作用与组成

水库是综合利用水资源的有效措施。它可使地面径流按季节和需要重新分配，根据干旱、水涝灾害，可利用大量的蓄水和形成的水头为国民经济各部门服务。

水库一般由下面几部分组成。

（1）拦河坝

拦河坝是挡水建筑物的一种，是组成水库最基本的建筑物，其主要作用是拦截河道、拦蓄水流、抬高水位。

（2）取水、输水建筑物

取水、输水建筑物是指为满足用水要求，从水库中取水并将水输送到电站或灌溉系统的水工建筑物。

（3）泄水建筑物

泄水建筑物的主要作用是宣泄水库中多余的水量，以保证大坝安全。

2. 水库库址选择

水库库址选择关键是坝址的选择，应充分利用天然地形。地形应尽可能满足下列条件：河谷尽可能狭窄，库内平坦广阔，但上游两岸山坡不要太陡或过分平缓，太陡容易滑坡，水土流失严重。要有足够的集雨面积，要有较好的开挖泄水建筑物的天然空间。要尽量靠近灌区，地势要比灌区高，以便形成自流灌溉，节省投资。另外，对工程安全起决定性因素的地质条件也不容忽视。

（二）水利枢纽

水利枢纽是修建在同一河段或地点，共同完成以防治水灾、开发和利用水资源为目标的不同类型的水工建筑物的综合体。它是水利工程体系中最重要的组成部分，一般由挡水建筑物、泄水建筑物、进水建筑物及必要的水电站厂房、通航、过鱼、过木等专门性的水工建筑物组成。

水利枢纽根据其综合利用的情况，可以分为下列三大类：

（1）防洪发电水利枢纽：蓄水坝、溢洪道、水电站厂房。

（2）灌溉航运水利枢纽：蓄水坝、溢洪道、进水闸、输水道、船闸。

（3）防洪灌溉发电航运水利枢纽：蓄水坝、溢洪道、水电站厂房、进水闸、输水道（渠）、船闸。

二、水电工程

水能资源由太阳能转变而来，是以位能、压能和动能等形式存在于水体中的能量资源，亦称水力资源。广义的水能资源包括河流水能、潮汐水能、波浪水能和深海温差能源。狭义的水能资源指河流水能资源。

水力发电是利用水的能量发电，不消耗水量，没有污染，清洁，运行成本低，是优先考虑发展的能源。

（一）水电站建筑物的主要类型及其组成

建设水电站主要是为了水力发电，但也要考虑其他国民经济部门的需要，如防洪、灌溉、航运等，以贯彻充分利用水资源的原则，充分发挥水资源的作用。

水力发电除了需要流量，还需要集中落差（水头）。水电站根据其集中水头的方式可分为堤坝式、引水式、混合式。其中，堤坝式又有坝后式和河床式之分；引水式又有无压引水式和有压引水式之别。就其建筑物的组成和形式来说，坝后式中的河岸式、混合式与有压引水式是相同的。

1. 坝后式水电站

坝后式水电站的特点是水力发电站的厂房紧靠挡水大坝下游，发电引水压力钢管通过坝体进入水电站厂房内的水轮机室，因此厂房结构不受水头所限，水头取决于坝高。其库容较大，调节性能好。

2. 河床式水电站

河床式水电站一般修建在河道中下游河道纵坡平缓的河段上，为避免大量淹没，建低坝或闸，水电站的水头低，引用的流量大，所以厂房尺寸也大，足以靠自身重量来抵抗上游水压力以维持稳定。

河床式水电站的特点是只建有低坝，水库容量和调节能力均较小，主要依靠河流的天然流量发电，所以又称为径流式水电站。由于弃水较多，水能利用受到较大限制，综合效益相对较小，但淹没损失和移民安置的困难也较小。

3. 无压引水式水电站

无压引水式水电站的主要特点是引水建筑物是无压的，如明渠、无压隧洞。

无压引水式水电站的主要建筑物包括低坝、进水口、沉沙池、引水渠（洞）、日调节池、压力前池、压力水管、厂房、尾水渠等。

4. 有压引水式水电站

有压引水式水电站的特点是具有较长的有压引水道，一般多用隧洞。引水道末端设调压室，下接压力水管和厂房。主要建筑物可分为三个部分：一是首部枢纽；二是引水建筑物；三是厂区枢纽，包括调压室，高压管道，电站厂房，尾水渠及变电、配电建筑物等。

（二）水电站建筑物的布置原则

（1）河床式水电站建筑物的布置适用于较低水头，一般在 30 ~ 40 m 甚至更低，多修建在河流的中下游河床坡降较平缓的地段或灌溉渠道上。例如长江上的葛洲坝水电站。

（2）当水头较高，一般超过 40 m 时，由于压力大，厂房本身的重量不足以维持其稳定时，采用坝后式水电站建筑物的布置。

（3）由于地形、地质条件，坝后不能布置电站或无坝引水，则采用引水式水电站建筑物的布置。

三、防洪工程

我国是一个洪涝灾害频发的国家，洪水灾害严重威胁着人民的生命财产安全，必须采取防治措施。防洪包括防御洪水灾害的对策、措施和方法，研究对象主要包括研究洪水自然规律，河道、洪泛区状况及其演变。防洪工作的基本内容可分为建设、管理、防汛和科学研究几部分。

防洪工程是控制、防御洪水以减免洪灾损失而修建的工程，是人类与洪水灾害斗争的控制手段。防洪工程就其功能和修建的目的来说，分为挡（阻）、分（流）、泄（排）和蓄（滞）洪水四个方面。其形式为堤防工程、河道整治工程、分洪工程和水库等。

防洪工程设置的基本原则是统筹规划、综合利用、蓄泄兼筹、因地制宜、区别对待。

（一）防洪工程的功能与作用

1. 挡阻

防洪工程主要运用工程措施"挡"住洪水对保护对象的侵袭。其具体措施包括坡地治理，如农田轮作制、整修梯田、植树造林等；河道治理，如修筑河、湖堤来防御河、湖的洪水灾害；用海堤和挡潮闸来防御海潮；用围堤保护低洼地区不受洪水侵袭等。

2. 分洪

分洪工程是建造一些设施，当河道洪水位将超过保证水位或流量将超过安全泄量时，为保障保护区安全，而采取的分泄超额洪水的措施。将这些超额洪水分泄入湖泊、洼地，或分泄于其他河流，或直泄入海，或绕过保护区，在下游仍返回原河道，它是牺牲局部保存全局的措施。

3. 泄排

泄排即充分利用河道本身的排泄能力，使洪水安全下泄。根据其工程类别可分为河道整治和修筑堤防两种。河道整治的目的是增加过水能力，以减小洪水泛滥的程度和频率。堤防是在河道一侧或两侧连续堆筑的土堤，通常以不等距离与天然河道相平行，大水时在河道内形成一人为约束的行洪道，防止洪水漫溢。泄洪是平原地区河道采用较为广泛的措施。

4. 蓄滞

蓄滞主要是拦蓄调节洪水，以便削减洪峰，减轻下游防洪工程的负担，是当前流域防洪系统中的重要组成部分。例如利用分洪区工程、水库等蓄滞洪水。

（二）防洪工程设施

河流或一个地区的防洪任务，通常是由多种工程措施相结合，构成防洪工程体系来承担，对洪水进行综合治理，达到预期的防洪目标。

1. 堤防工程

沿河、渠、湖、海岸或行洪区、分洪区、围垦区的边缘修筑的挡水建筑物称为堤防工程。堤防按其修筑的位置不同，可分为河堤、江堤、湖堤、海堤以及水库、蓄滞洪区低洼地区的围堤等；堤防按其功能可分为干堤、支堤、子堤、遥堤、隔堤、防洪堤、围堤（圩垸）、防浪堤等；堤防按建筑材料可分为土堤、石堤、橡胶坝、土石混合堤和混凝土防洪墙等。

2. 河道整治

河道整治包括控制和调整河势，裁弯取直，河道展宽和疏浚。

3. 水库

水库是用坝、堤、水闸、堰等工程，在山谷、河道或低洼地区形成的人工水域。作用有防洪、水力发电、灌溉、航运、城镇供水、水产养殖、旅游、改善环境等。同时，要防止水库的淤积、渗漏、塌岸、浸没，要注意水质变化和对当地气候的影响。

4. 分洪工程

分洪工程是利用在洪泛区修建分洪闸，分泄河道部分洪水，将超过下游河道泄洪能力的洪水通过泄洪闸泄入滞洪区或通过分洪道泄入下游河道或其他相邻河道，以减轻下游河道的洪水负担。滞洪区多为低洼地带、湖泊、人工预留滞洪区、废弃河道等。当洪水水位达到堤防防洪限制水位时，打开分洪闸，洪水进入滞洪区，待洪峰过后适当时间，滞洪区洪水再经泄洪闸进入原河道。

分洪工程一般由进洪设施与分洪道、蓄滞洪区、避洪措施、泄洪排水设施等部分组成。

第六节　给水排水工程

给水排水工程是城市基础设施的一个组成部分。城市的人均耗水量和排水处理比例，往往反映出一个城市的发展水平。为了保障人民生活和工业生产，城市必须具有完善的给水和排水系统。给水排水工程可以分为城市公用事业和市政工程的给水排水工程、工业企业大中型生产的给水排水及水处理工程和建筑给水排水工程。各类给水排水工程在服务规模及设计、施工与维护等方面均有不同的特点。

给水工程包括城市给水和建筑给水两部分，前者解决城市区域的供水问题，后者解决一栋建筑物的供水问题。

一、城市给水工程

（一）城市给水系统

城市给水主要是供应城市所需的生活、生产、市政和消防用水。城市给水系统一般由取水工程、输配水工程、水处理工程和配水管网工程四部分组成水源距离城市较近时往往没有输水工程。

1. 取水工程

取水工程是城市给水的关键，不论是地下水源还是地表水源，均应取得当地卫生部门的论证并认可。它包括管井、取水设备、取水构筑物等。管井是从地面打到含水层，抽取地下水的井。取水构筑物有地表水取水构筑物和地下水取水构筑物之分。前者是指从江河、湖泊、水库、海洋等地表水取水的设备，一般包括取水头部、进水管、集水井和水泵房；后者是指从地下含水层取水的构筑物，其提水设备为深井泵或深井潜水泵。

2. 输配水工程

输配水管网是城市给水工程中造价最高的部分，一般占到整个系统造价的50% ~ 80%，因此在设计和规划城市的管网系统时必须进行多种方案的比较。管网布局、管材的选用和主要输水管道的走向，都会影响工程的造价，在设计中还应考虑运行费用，进行全面比较和综合分析。它包括输水管、配水管网、明渠，作用是形成水流通道，将水从水源送至用户。

3. 水处理工程

水处理工程的设计目的是通过水处理工艺，除去水中的杂质（主要是水中的悬浮物和胶体），保证给水水质符合相关标准。目前，我国大部分净水厂采用的常规处理工艺为混合、絮凝、沉淀、过滤和消毒，并根据原水的水质条件和供水的水质要求，采取预处理或深度处理，以补充常规处理的不足。

（二）城市给水系统分类

城市给水系统种类较多，一座城市的历史、现状和发展规划，由于其地形、水源状况和用水要求等因素，使得城市给水系统千差万别，但概括起来有下列几种。

1. 统一给水系统

当城市给水系统的水质，均按生活用水标准统一供应给各类建筑作生活、生产、消防用水，则称此类给水系统为统一给水系统。这类给水系统适用于新建中小城市、工业区或大型厂矿企业中用水户较集中、地势较平坦，且对水质、水压要求也比较接近的情况。

2. 分质给水系统

当一座城市或大型厂矿企业的用水，因生产性质对水质要求不同，特别对用水大户，其对水质的要求低于生活用水标准，则适宜采用分质给水系统。这种给水系统显然因分质供水而节省了净水运行费用，缺点是需设置两套净水设施和两套管网，管理工作复杂。选用这种给水系统应做技术经济分析和比较。

3. 分压给水系统

当城市或大型厂矿企业用水户要求水压差别很大，如果按统一供水，压力没有差别，必定会造成高压用户压力不足而增加局部增压设备，这种分散增压不但增加管理工作量，而且能耗也大。

4. 分区给水系统

分区给水系统是将整个系统分成几个区，各区之间采取适当的联系，而每区有单独的泵站和管网。采用分区系统技术上的原因是为使管网的水压不超过水管能承受的压力。因一次加压往往使管网前端的压力过高，经过分区后，各区水管承受的压力下降，并使漏水量减少。在经济上，分区的原因是降低供水能量费用。在给水区范围很大、地形高差显著或远距离输水时，均须考虑分区给水系统。

5. 循环和循序给水系统

循环系统是指使用过的水经过处理后循环使用，只从水源取得少量循环时损耗的水。循序系统是在车间之间或工厂之间，根据水质重复利用的原理，水源水先在某车间或工厂使用，使用过的水又到其他车间或工厂应用，或经冷却、沉淀等处理后再循序使用，这种系统不能普遍应用，原因是水质较难符合循序使用的要求。

6. 中水系统

中水系统是指将各类建筑或建筑小区使用后的排水，经处理达到中水水质要求后，回用于厕所便器冲洗、绿化、洗车、清扫等各种杂用水用水点的一整套工程设施。

中水系统的设置可实现污水、废水资源化，使污水、废水经处理后可以回用，既节省了水资源，又使污水无害化。其在保护环境、防治水污染、缓解水资源不足等方面起到了重要作用。高层建筑用水量一般较大，设置中水系统具有很高的现实意义。

二、建筑给水系统

建筑给水系统的任务就是经济合理地将水由城市给水管网（或自备水源）输送到建筑物内部的各种卫生器具、用水龙头、生产装置和消防设备，并能满足各水点对水质、水量、水压的要求。建筑给水包括建筑内部给水和居住小区给水。

（一）建筑内部给水系统

建筑内部给水系统的供水方案基本类型有直接给水方式、设水箱的给水方式、设水泵的给水方式、设水泵和水箱的给水方式、分区给水方式等。

（二）居住小区给水工程

居住小区位于市区供水范围时，应采用市政给水管网作为给水水源，以减少工程投资，若居住在离市区较远，需铺设专门的输水管道时，可经过技术经济比较，确定是否自备水源。在严重缺水地区，应考虑建设居住小区的中水工程，用中水来冲洗厕所、浇洒绿地和道路。

居住小区的供水方式应根据小区内建筑物的类型、建筑高度、市政给水管网提供的水头和水量等综合因素考虑。做到技术先进合理，供水安全可靠，投资少，节能，便于管理。

三、城市排水工程

城市排水工程主要是指收集、输送、处置和处理废水的工程。由于生活污水、工业废水和雨水的水质、水量及危害不同，所以根据对其收集、处理和处置方式的不同就形成了不同的排水体制。排水体制分为合流制排水系统、分流制排水系统、半分流制排水系统。

（一）城市排水体制

1. 合流制排水系统

将生活污水、工业废水和雨水混合在同一管道（渠）系统内排放的排水系统称为合流制排水系统。根据污水汇集后的处置方式不同，又可把合流制排水系统分为简单合流系统和截流式合流系统两类。

（1）简单合流系统

城市污水与雨水径流不经任何处理直接排入附近水体的合流制排水系统称为简单合流系统或直排式合流系统。国内外老城区的合流制排水系统均属于此类。简单合流系统实际上是地面废水排除系统，主要为雨水而设，顺便排除水量很少的生活污水和工业废水。它实际上是若干先后建造的各自独立的小系统的简单组合。

（2）截流式合流系统

随着现代房屋卫生设备和高层建筑的出现，人口密集，粪便用水流输送，大大增加了城市污水的强度；再加上工业发达，工业废水大量增加，城市附近的河流湖泊就出现不能容忍的污染情况。于是增设废水处理厂，并用管道连接各个出水口，把各排水干管中的废水汇集废水厂进行处理，就形成截流式合流系统。

2. 分流制排水系统

当生活污水、工业废水和雨水用两个或两个以上排水管渠排除时，称为分流制排水系统。其中排除生活污水、工业废水的系统称为污水排水系统；排除雨水的系统称为雨水排水系统。

3. 半分流制排水系统

将分流制系统的雨水系统仿照截流式合流系统，把它的小流量截流到污水系统，则城市废水对水体的污染将降到最低程度，这就是半截流制排水系统的基本概念。它实质上是一种不完全分流系统。

排水体制是排水系统规划设计的关键，也影响着环境保护、投资、维护管理等各方面，因此在选择时，需就具体技术经济情况而定。

（二）城市排水系统

城市排水系统由收集（管渠）、处理（污水厂）、处置三方面的设施组成。

1. 排水管渠系统

排水管渠系统由管道、渠道和附属构筑物（检查井、雨水井、污水泵站和倒吸虹管）组成。管渠系统布满整个排水区域，但形成系统的构筑物种类不多，主体是管道和渠道，管道之间由附属构筑物连接。有时，还需设置泵站以连接低管段和高管段，最后是出水口。排水管道应根据城市规划地势情况以长度最短顺坡布置，可采用截流、扇形、分区、分散形式布置。雨水管道应就近排入水体。

2. 污水处理厂

城市污水在排放前一般都先进入污水处理厂处理。污水处理厂由处理构筑物（主要是池式构筑物）和附设建筑物（道路、照明、给水、排水、供电、通信系统和绿化场地）等组成。处理构筑物之间用管道或明渠连接。污水处理厂的复杂程度根据处理要求和水量而定。污水处理厂一般位于地势较低处和城镇水体下游，与居民区有一定隔离带，主导风向下方，不能被洪水浸淹，地质条件好，地形有坡度。

四、建筑排水系统

建筑排水系统是指接纳输送居住小区范围建筑物内外部排出的污、废水及屋面、地面雨雪水的排水系统。其包括建筑内部排水系统与居住小区排水系统两类。

（一）建筑内部排水系统

1. 生活污水排水系统

生活污水排水系统指排除居住、公共建筑以及工厂生活间的污水、废水的系统。生活污水在经过处理后可作为杂用水，用来冲洗厕所、浇洒绿地和道路、冲洗汽车等。

2. 工业废水排水系统

工业废水排水系统是指排除工艺生产过程中产生的污水、废水系统。为便于污水的处理和综合应用，按污染程度可分为生产污水和生产废水。生产污水污染较重，需经过处理，达到排放标准后排放；生产废水污染较轻，如机械设备冷却水、生产废水可直接作为杂用水水源，也可经过简单处理后回用或排入水体。

3. 屋面雨水排水系统

屋面雨水系统用以排除屋面的雨水和冰、雪融化水。按雨水管道敷设的不同情况，可分为外排水系统和内排水系统两类。

（二）居住小区排水系统

居住小区排水系统是建筑排水系统和城市排水系统的过渡部分，是指汇集居住小区内各类建筑物排放的污水、废水和地面雨水，并将其输入城镇排水管网或经处理后直接排放。

居住小区排水系统的排水体制和城市排水体制相同，分为分流制和合流制。排水管道由接户管、支管、干管等组成，可根据实际情况，按照管线短、埋深小、尽量自流排出的原则来布置。居住小区排水量指生活用水后能排入污水管道的流量，其数值应等于生活用水量减去回收的水量。

第三章　土木工程单位工程施工组织

第一节　单位工程施工组织设计理论

单位工程施工组织设计是以单位工程为主要对象编制的施工组织设计。它对单位工程的施工过程起指导和制约作用。它的编制是施工前的一项重要准备工作，也是施工企业实现科学管理的重要手段。

单位工程施工组织设计是指导施工全过程各项工作活动的技术、经济和组织的综合性文件。它既要体现拟建工程的设计和使用要求，又要符合工程施工的客观经济规律。单位工程施工组织设计的编制结合具体的施工条件、施工组织总设计以及有关资料，从工程项目的全局出发，进行施工方案设计，在人、材料、机械、资金等方面做出科学合理的安排，满足工期、质量和成本的要求。

一、单位工程施工组织设计的编制依据

（1）工程承包合同。包括工程范围和内容，工程开、竣工日期，工程质量标准，工程质量保修期，工程造价，工程价款的支付和结算以及交工验收办法，材料和设备的供应以及进场期限，违约责任等。

（2）经会审的施工图及设计单位对施工的要求。包括单位工程的全部施工图纸、会审纪要及相关资料，设计单位对施工的要求。

（3）施工企业年度生产计划。包括对该项目的安排和规定的各项指标，如开、竣工日期以及其他项目穿插施工的要求等。

（4）施工组织总设计。应该把施工组织总设计作为编制依据，满足施工组织总设计对其任务和各项指标的要求。

（5）工程预算文件及有关定额。包括工程量清单及报价、预算定额和施工定额等。

（6）建设单位可能提供的条件。包括建设单位可能提供的临时房屋、供水、供电、供热等施工条件。

（7）资源配备情况。包括施工中所需劳动力、材料、预制构件、加工品来源及供应情况，施工机具的配备及生产能力等。

（8）施工现场的勘察资料。包括地形、地貌、地上和地下障碍物、水文、气象、交通运输等资料。

（9）有关国家标准和规定。包括施工及验收规范、质量评定标准和安全操作规程等。

二、单位工程施工组织设计的编制程序

单位工程施工组织设计的编制程序是指对其各组成部分形成的先后次序及相互制约关系的处理。从编制程序中可以更加清楚地了解单位工程施工组织设计的内容。

单位工程施工组织设计的编制程序包括：熟悉、审查施工图纸，进行调查研究→计算工程量→确定施工方案和施工方法→编制施工进度计划→编制资源需要量计划（包括施工机械需要量计划、主要材料需要量计划、构件和半成品需要量计划、劳动力需要量计划）→确定临时生产、生活设施→确定临时供水、供电、供热管线→编制运输计划→编制施工准备工作计划→布置施工现场平面图→计算技术经济指标→制定技术安全和文明施工措施→审批。

三、单位工程施工组织设计的内容

（1）工程概况。

（2）施工部署。

（3）施工进度计划。

（4）施工准备与资源配置计划。

（5）主要施工方案。

（6）施工现场平面布置。

四、工程概况

工程概况包括工程主要情况、各专业设计简介和工程施工条件等。

（一）工程主要情况

（1）工程名称、性质和地理位置。

（2）工程的建设、勘察、设计、监理和总承包等相关单位的情况。

（3）工程承包和分包范围。

（4）施工合同、招标文件或总承包单位对工程施工的重点要求。

（5）其他应说明的情况。

（二）各专业设计简介

1. 建筑设计简介

应依据建设单位提供的建筑设计文件进行描述。包括建筑规模，建筑功能，建筑特点，建筑耐火、防水及节能要求等，并应简单描述工程的主要装修做法。

2. 结构设计简介

应依据建设单位提供的结构设计文件进行描述。包括结构形式，地基基础形式，结构安全等级，抗震设防类别，主要结构构件类型及要求等。

3. 机电及设备专业设计简介

应依据建设单位提供的各相关专业设计文件进行描述。包括给水、排水及采暖系统，通风与空调系统，电气系统，智能化系统，电梯等各个专业系统的做法要求。

（三）工程施工条件

工程施工条件包括水通、电通、路通及场地平整的"三通一平"，项目建设地点的气象状况，施工区域地形和工程水文地质状况，当地的交通运输、建筑材料、设备供应状况，施工单位的机械、劳动力落实情况，施工单位内部承包方式，劳动组织形式，技术水平以及其他与施工有关的主要因素。

第二节　施工部署和施工方案

一、施工部署

施工部署包括工程施工目标确定，进度安排和空间组织，工程施工的重点和难点分析，工程管理的组织机构形式，"四新"技术的应用，分包单位的选择。

（一）工程施工目标确定

工程施工目标应根据施工合同、招标文件以及本单位对工程管理目标的要求确定。它包括进度目标、质量目标、安全目标、环境目标、成本目标等。各项目标应满足施工组织总设计中确定的总体目标的要求。

如果单位工程施工组织设计作为施工组织总设计的补充，其各项目标的确立应同时满足施工组织总设计中确立的施工目标的要求。

（二）进度安排和空间组织

工程主要施工内容及其进度安排应明确说明，施工顺序应符合工序逻辑关系，应对本单位工程的主要分部（分项）工程和专项工程的施工做出统筹安排，对施工过程的里程碑节点进行说明。

要结合工程具体情况组织流水施工。施工段的划分要合理，保证本单位工程的主要分部（分项）工程和专项工程的施工能够连续、均衡和有节奏地进行。单位工程施工阶段的划分通常包括地基基础、主体结构、装饰装修和机电设备安装。

（三）工程施工的重点和难点分析

工程施工的重点和难点分析包括组织管理和施工技术两个方面。

对于不同的工程和不同的企业，工程施工的重点和难点具有一定的相对性。某些重点、难点工程的施工方法可能已通过有关专家论证成为企业施工工艺标准或企业工法，企业可以直接引用。重点、难点工程施工方法的选择应着重考虑影响整个单位工程的分部（分项）工程，如工程量大、施工技术复杂或对工程质量起重大作用的分部（分项）工程。

（四）工程管理的组织机构形式

工程管理的组织机构是为完成工程项目特定的目标和任务而设置的。工程项目目标和任务是决定组织和组织运行最重要的因素。工程管理的组织机构形式多种多样，按照工程项目管理理论可分为职能型、项目型和矩阵型三种形式；根据工程项目的实际情况还有多种复合形式。

（五）"四新"技术的应用

"四新"就是新技术、新工艺、新材料、新设备。

在现代工程施工中，"四新"代表了先进生产力，它是建筑业从劳动密集型向技术型转变的桥梁和纽带。在工程施工过程中运用新技术、新工艺、新材料、新设备，可以提高工程质量，降低工程成本，加快工程施工进度。

对工程施工中开发和使用的新技术、新工艺应做出部署，对新材料和新设备的使用应提出技术及管理要求。

（六）分包单位的选择

对分包单位的选择要求主要包括分包工程范围、合同结构模式、分包管理模式等，需进行简要说明。

二、施工方案

合理选择施工方案是单位工程施工组织设计的核心。施工方案的选择恰当与否，不仅影响到施工进度计划的安排和施工平面的布置，而且直接影响到单位工程的质量、成本和安全。因此，要对施工方案进行技术经济比较，选择技术上先进、施工上可行、经济上合理且符合施工现场实际情况的施工方案。

施工方案的选择通常包括确定施工顺序、确定施工流向、选择主要分部分项工程的施工方法和施工机械、制定技术组织措施、技术经济评价等。

（一）确定施工顺序

施工顺序是指各分部工程、专业工程或施工阶段施工的先后次序。它是客观规律在施工过程中的具体表现形式。工程施工受到自然条件和物质条件的制约，在不同的施工阶段，不同的施工内容有其固有的先后次序关系，既不能相互代替，又不能相互颠倒。

1. 确定施工顺序应遵循的基本原则

（1）先地下、后地上

"先地下、后地上"是指地上工程开始施工之前，尽量把管道和线路等地下设施、土方工程、基础工程完成或基本完成，以免对地上工程施工造成干扰，影响工程施工质量。

（2）先主体、后围护

"先主体、后围护"是指在框架结构和装配式结构施工中，先进行主体结构施工，后进行围护结构施工，使主体结构和围护结构在施工顺序上进行合理的搭接。通常情况下，高层建筑应尽量采用搭接施工，多层建筑以少搭接施工为宜，装配式单层工业厂房主体与围护结构不宜采用搭接施工。

（3）先结构、后装饰

"先结构、后装饰"是指先进行主体结构施工，后进行装饰工程施工。一般情况下，为了缩短工期，也可以进行部分搭接施工。

（4）先土建、后设备

"先土建、后设备"是指先进行土建工程的施工，后进行水、暖、电、卫等建筑设备的施工。要正确地处理土建和设备安装施工的先后顺序关系。它们之间更多的是穿插配合，尤其是在装饰阶段，应处理好各工种之间协作配合的关系。

2. 确定施工顺序的基本要求

（1）符合施工工艺的要求

施工工艺是指在施工过程中各分部分项工程之间存在的工艺顺序关系。它是施工中必须遵循的客观规律。如现浇钢筋混凝土梁板的施工顺序为：安装模板→绑扎钢筋→浇筑混凝土→养护→拆模；现浇钢筋混凝土柱的施工顺序为：绑扎钢筋→安装模板→浇筑混凝土→养护→拆模；框架结构施工中，墙体作为围护结构，可以安排在框架结构施工完成以后再进行。

（2）与施工方法协调一致

不同的施工方法会使施工过程的先后顺序有所不同。如单层工业厂房结构吊装工程，当采用分件吊装法时，施工顺序为：吊装柱子→吊装吊车梁和连系梁→吊装屋盖系统；当采用综合吊装法时，施工顺序为：吊装第一节间的柱子、吊车梁、连系梁和屋盖系统→吊装第二节间的柱子、吊车梁、连系梁和屋盖系统→……吊装最后一节间的柱子、吊车梁、连系梁和屋盖系统。

（3）满足施工组织的要求

施工顺序的安排应从施工组织的角度出发，进行经济分析和对比，选择最为合理、有利于施工和开展工作的方案。如分部分项工程施工可采用依次施工、平行施工、流水施工，但采用何种作业方式，必须通过分析、比较，选择最为合理的。

（4）考虑施工质量的要求

在安排施工顺序时，要以保证工程质量为前提。当影响到工程质量时，要重新安排施工顺序或采取相应的技术保证措施。如屋面防水层必须等找平层干燥以后才能施工，否则会影响防水工程的施工质量。

（5）考虑当地气候条件的影响

在安排施工顺序时，要考虑当地的气候条件。如基础工程、室外工程、门窗工程等要在冬季、雨期到来之前完成，为室外工程和地上工程的施工创造条件，有利于改善施工人员的工作环境。

（6）考虑施工安全的要求

高空作业危险因素多，尤其是在立体、平行、交叉作业时，尤其要遵守施工现场的安全操作规程。如主体结构施工时，构件、模板、钢筋的吊装和水、暖、电、卫的安装不能在同一个工作面上，必要时采取一定的安全防护措施，确保工程施工的安全。

3. 多层砖混结构居住房屋的施工顺序

多层砖混结构居住房屋的施工，一般可划分为基础工程、主体结构工程、屋面及装饰工程三个施工阶段。

（1）基础工程的施工顺序

基础工程是指室内地坪（±0.000）以下的工程。其施工顺序为：挖基槽（坑）→做垫层→砌筑（浇筑混凝土）基础→回填土。具体内容应根据工程设计而定。如有桩基础，应另列桩基础工程施工，桩基础工程的施工顺序为：预制桩（灌注桩）施工→挖土方→做垫层→承台施工→回填土。如有地下室，地下室的施工顺序为：挖土方→做垫层→地下室底板施工→地下室墙、柱施工→地下室顶板施工→防水层或保护层施工→回填土。

挖基槽（坑）和做垫层时间间隔不宜太长，以防止地基土长期暴露，雨后基槽（坑）内灌水，影响地基的承载力。垫层施工后需留有一定的技术间歇时间，使其具有一定的强度后再进行下一道工序的施工。各种管沟的挖土、铺设等施工过程应尽可能与基础工程施工配合，采取平行施工或搭接施工。回填土施工由于对后续工序的影响较小，可根据施工条件进行合理安排。根据施工工艺的要求，回填土施工可以在结构工程完工以后进行，也可以在上部结构开始以前进行，通常施工中采用后者。其主要原因是后者可以避免基槽（坑）遭水浸泡，为后续工程的施工创造有利条件，提高生产效率。

（2）主体结构工程的施工顺序

主体结构工程是指基础工程以上，屋面板以下的所有工程。这个施工阶段的施工过程主要包括：安装垂直运输设备，搭设脚手架，砌筑墙体，梁、板、柱、楼梯、阳台、雨篷等的施工。

多层砖混结构居住房屋为现浇结构时，其施工顺序为：绑扎柱钢筋→砌筑墙体→安装柱模板→浇筑混凝土→安装梁、板、楼梯模板→绑扎梁、板、楼梯钢筋→浇筑梁、板、楼梯混凝土。多层砖混结构居住房屋为预制结构时，砌筑墙体和安装楼板是主体结构工程的主导施工过程，它们在各楼层之间是交替进行的。在组织主体结构工程施工时，应尽量使砌筑墙体连续施工，同时应重视构造柱、圈梁、厨房、卫生间现浇结构的施工。各层预制楼梯段的安装必须与砌筑墙体和安装楼板紧密配合，在砌筑墙体和安装楼板的同时相继完成。

主体结构工程施工通常采用流水作业的方式，就是将拟建工程在平面上划分为若干个施工段，在竖向划分为若干个施工层，各施工队在不同的施工段和施工层上组织流水施工。

（3）屋面及装饰工程的施工顺序

屋面及装饰工程是指屋面板完成以后的所有工作。这个阶段的施工内容多，劳动消耗大，手工操作多，持续时间长。合理安排屋面及装饰工程的施工顺序，组织流水作业，对加快工程进度具有重要意义。

屋面工程在主体结构工程完工后开始，并尽快完成，为顺利进行室内装饰工程创造条件。柔性防水屋面的施工顺序为：找平层→隔汽层→保温层→找平层→冷底子油结合层→防水层→保护层。刚性防水屋面的施工顺序为：找平层→保温层→找平层→刚性防水层→隔热层。其中细石混凝土防水层、分仓缝施工应在主体结构完成后开始，并尽快施工完毕。一般情况下，屋面工程和装饰工程可以进行平行或搭接施工。

　　装饰工程可分为室内装饰和室外装饰。室内装饰包括天棚、墙面、楼地面、楼梯、门窗、玻璃、踢脚线等。室外装饰包括外墙、勒脚、散水、台阶、明沟、落水管等。其中内、外墙及楼地面装饰是整个装饰工程施工的主导施工过程。安排装饰工程的施工顺序，组织立体交叉平行流水作业，关键在于确定整个装饰工程施工的空间顺序。

　　根据装饰工程的质量、工期和安全要求以及施工条件，其施工顺序一般有以下几种：

　　①室外装饰工程。室外装饰工程可采用自上而下的施工顺序。从檐口开始，逐层往下进行施工，每层的全部工序完成后，即可拆除该层的脚手架，散水及台阶等在外脚手架拆除后进行施工。

　　②室内装饰工程。室内装饰工程有自上而下、自下而上和自中而下再自上而中三种施工顺序。

　　A. 室内装饰工程自上而下的施工顺序是指主体结构工程及屋面防水层施工完成以后，室内抹灰从顶层开始逐层往下进行。其施工流向分为水平向下和垂直向下两种。采用自上而下施工顺序的优点是主体结构完成后，有足够的沉降时间，能保证装饰工程的质量，防止因屋面渗漏而影响工程质量；各施工过程之间交叉作业少，方便组织施工，有利于保证施工安全；方便清理建筑垃圾。其缺点是不能与主体结构搭接施工，工期比较长。

　　B. 室内装饰工程自下而上的施工顺序是指主体结构施工到三层以上时（有二层楼板，确保底层施工安全），室内抹灰从底层开始逐层往上进行。其施工流向分为水平向上和垂直向上两种。采用自下而上施工顺序的优点是可以与主体结构工程平行搭接施工，有效地缩短了施工工期。其缺点是工序之间交叉作业多，材料供应集中，施工机具负担重，要采取安全措施，现场施工组织和管理工作比较复杂。只有工期要求比较短的时候，才采用自下而上的施工顺序。为防止雨水或施工用水从上层楼板渗漏而影响工程质量，应先做好上层楼板的面层抹灰，再进行下层墙面、天棚、地面的饰面施工。

C.室内装饰工程自中而下再自上而中的施工顺序综合了前面两种施工顺序的特点，一般适用于高层建筑的装饰工程施工。

水、暖、电、卫等工程的施工不像土建工程中那样划分成几个明显的施工阶段，而是一般与土建工程中有关的分部分项工程施工交叉进行，紧密配合。在基础工程施工时，在回填土之前，应完成管道沟的垫层和地沟施工。在主体结构工程施工时，应在砌砖墙和现浇钢筋混凝土楼板的同时，预留出上下水管和暖气立管的孔洞、电线孔槽，预埋木砖和其他预埋件。在装饰工程施工时，安设相应的各种管道和电器照明用的附墙暗管、接线盒等。水、暖、电、卫等工程的安装一般在楼地面和墙面抹灰前或后穿插进行，若电线采用明线，则应在室内粉刷后进行。

4. 钢筋混凝土框架结构房屋的施工顺序

钢筋混凝土框架结构房屋的施工一般可划分为基础工程、主体结构工程、围护工程和装饰工程四个施工阶段。

（1）基础工程的施工顺序

现浇钢筋混凝土框架结构房屋的基础工程施工可分为有地下室和无地下室两种情形。

若有地下室，且房屋采用桩基工程，基础工程的施工顺序为：桩基施工→土方开挖→做垫层→地下室底板施工→地下室墙、柱防水处理→地下室顶板施工→回填土。

若无地下室，且房屋采用柱下独立基础，基础工程的施工顺序为：挖基槽（坑）→做垫层→基础施工（绑扎钢筋、安装模板、浇筑混凝土、养护、拆除模板）→回填土。

（2）主体结构工程的施工顺序

全现浇钢筋混凝土框架结构的施工顺序为：绑扎柱钢筋→安装柱、梁、板模板→浇筑柱混凝土→绑扎梁、板钢筋→浇筑梁、板混凝土。

（3）围护工程的施工顺序

围护工程的施工包括：墙体工程、安装门窗框和屋面工程。墙体工程有搭设和拆除砌筑用的脚手架，砌筑内、外墙等分项工程，不同的分项工程之间可以组织平行、搭接、立体交叉流水作业。屋面工程和墙体工程应密切配合，在主体结构工程完成之后，先进行屋面保温层和找平层施工，待外墙砌筑到顶后，再进行屋面防水层的施工。脚手架应配合砌筑工程搭设，在室外装饰完成之后，做散水之前拆除。

（4）装饰工程的施工顺序

钢筋混凝土框架结构房屋的装饰工程分为室内装饰和室外装饰。室内装饰包括：天棚、墙面、楼地面、楼梯、门窗、玻璃、踢脚线等。室外装饰包括：外墙、勒脚、散水、台阶、明沟、落水管等。施工顺序一般分为先室内后室外、先室外后室内、室内外同时进行三种。采用哪一种施工顺序应根据施工条件、气候条件和合同工期的要求合理确定。

5. 装配式钢筋混凝土单层工业厂房的施工顺序

装配式钢筋混凝土单层工业厂房的施工可分为基础工程、预制工程、结构安装工程、围护工程和装饰工程五个施工阶段。

（1）基础工程的施工顺序

装配式钢筋混凝土单层工业厂房的基础工程一般为现浇杯形基础。基础工程的施工顺序为：土方开挖→做垫层→钢筋混凝土杯形基础施工（绑扎钢筋、安装模板、浇筑混凝土、养护、拆除模板）→回填土。

装配式钢筋混凝土单层工业厂房往往都有设备基础，特别是重型工业厂房，设备基础埋置深，体积大，施工难度大，技术要求高，所需工期长。设备基础的施工顺序常常会影响到主体结构工程的安装方法和设备安装的进度，因此，对设备基础的施工必须高度重视。对厂房内的设备基础，根据不同的情况，可以按两种施工方案确定其施工顺序，即封闭式施工和敞开式施工。

①封闭式施工

封闭式施工是指厂房柱基础先施工，设备基础在结构吊装完成后再施工。它适用于设备基础体积小，埋置深度浅，土质较好，距柱基础较远和在厂房结构吊装后对厂房结构稳定性并无影响的情况。封闭式施工的优点是土建施工工作面大，有利于重型构件现场预制、吊装和就位，方便选择起重机械，确定合理的开行路线，可加快主体结构工程的施工速度；设备基础的施工在室内进行，免受外界气候的影响。其缺点是部分柱基础的回填土在设备基础施工时还需重新挖出，多了重复性工作；设备基础施工的条件差，现场拥挤。

②敞开式施工

敞开式施工是指设备基础先施工或厂房柱基础和设备基础同时施工。敞开式施工工作面大，施工方便，为设备提前安装创造了有利条件。它的适用范围、优缺点与封闭式施工相反。

这两种施工顺序，应根据现场的实际施工条件，进行比对后合理选择。

（2）预制工程的施工顺序

装配式钢筋混凝土单层工业厂房结构构件多，有柱子、基础梁、吊车梁、连系梁、屋架、天窗架、支撑、屋面板等构件。装配式钢筋混凝土单层工业厂房结构构件的预制方式有两种，即现场预制和加工厂预制。在确定具体预制方案时，应结合构件的技术特征、工期要求、现场施工及运输条件等因素，经过技术经济比较后合理确定。一般来说，对于尺寸大、重量大、运输不方便的大型构件，可以在施工现场拟建车间内部就地预制，如柱子、托架梁、屋架、吊车梁等。中、小型构件可在加工厂预制，如大型屋面板、钢结构构件等。

装配式钢筋混凝土单层工业厂房预制构件现场制作预应力屋架的施工顺序为：场地平整夯实→制作底模→绑扎钢筋→预应力屋架预留孔道→浇筑混凝土→养护→拆除模板→屋架预应力钢筋张拉→锚固→孔道灌浆。

预制构件制作在基础回填、场地平整夯实以后就可开始。构件制作的日期、平面位置、流向和顺序取决于工作面准备工作的完成情况和构件的安装方法。构件制作的流向应与基础工程的施工流向一致，以便为后续工程提供工作面。

每跨构件尽量布置在本跨内，如确有困难，才考虑布置在跨外而便于吊装的地方。构件的布置方式应满足吊装工艺的要求，尽量减少起重机负荷行走的距离及起伏起重臂的次数。各种构件均应力求少占场地，保证起重机械和运输车辆运行道路畅通。采用旋转法吊装柱子时，柱脚宜靠近基础，柱子的绑扎点、柱脚与柱基中心三点宜位于起重机的同一起重半径的圆弧上。屋架布置要考虑张拉、扶直、朝向、堆放以及吊装的先后顺序，避免屋架在吊装过程中在空中掉头，影响安全及施工进度。

装配式钢筋混凝土单层工业厂房除了柱子和屋架在施工现场制作外，其他构件如吊车梁、连系梁、屋面板等均在加工厂制作，然后运至工地吊装。构件运至施工现场后，应按照施工组织设计的要求，按编号及构件吊装顺序进行就位或堆放，吊车梁、连系梁的就位位置，一般在其吊装位置的柱列附近；屋面板的就位位置，可布置在跨内或跨外。

（3）结构安装工程的施工顺序

装配式钢筋混凝土单层工业厂房的结构安装工程是整个厂房施工的主导工程。其施工内容包括柱子、基础梁、吊车梁、连系梁、屋架、天窗架、支撑、屋面板等构件的吊装、校正和固定。安装前的准备工作非常重要，内容包括场地的清理，道路的修筑，基础的准备，构件的运输、就位、堆放、拼装加固、弹线编号、吊装验算以及起重机的安装等。

结构安装顺序取决于安装方法，若采用分件吊装法，其吊装顺序为：第一次开行吊装全部柱子，并对柱子进行校正和最后固定；第二次开行吊装吊车梁、连系梁以及柱间支撑；第三次开行分节间吊装屋架、天窗架、屋面板及屋面支撑，即吊装屋盖系统。分件吊装法由于每次都是吊装同类型构件，索具不需要经常更换，吊装速度快，能充分发挥起重机的工作效率；同时构件的供应、平面布置、校正也比较方便。

若采用综合吊装法，其吊装顺序为：吊装第一节间的柱子、吊车梁、连系梁和屋盖系统→吊装第二节间的柱子、吊车梁、连系梁和屋盖系统→……→吊装最后一节间的柱子、吊车梁、连系梁和屋盖系统。综合吊装法起重机开行路线较短，但构件的供应、平面布置比较复杂，构件的校正也比较困难。

抗风柱的吊装方式一般有两种：一是在吊装柱子的同时先吊装该跨一端的抗风柱，另一端的抗风柱则在屋盖系统吊装完毕后进行；二是全部抗风柱的吊装均待屋盖系统吊装完毕后进行。

（4）围护工程的施工顺序

装配式钢筋混凝土单层工业厂房围护工程的内容包括：墙体砌筑、安装门窗框和屋面工程。可以组织平行作业，充分利用工作面安排施工。

围护工程的施工顺序为：搭设垂直运输设备→砌墙体→搭设脚手架→安装门窗框→现浇雨篷等。

（5）装饰工程的施工顺序

装配式钢筋混凝土单层工业厂房装饰工程的内容包括室内装饰和室外装饰。

室内装饰有地面、门窗扇、玻璃安装、油漆、刷白等。室外装饰有勾缝、抹灰、勒脚、散水等。两者既可以平行进行,又可以与其他工程穿插进行。

水、暖、电、卫等工程的安装与砖混结构相同,而生产设备的安装一般由专业公司承担。上面所述的施工过程和顺序,仅适用于一般情况。建筑产品的生产过程是一个复杂的过程,随着工程对象和施工条件的变化会有所变化,因此必须根据实际情况合理安排施工顺序,最大限度地利用时间和空间来组织流水,立体交叉施工,使时间和空间都得到合理利用。

(二)确定施工流向

施工流向是指单位工程在平面或竖向上施工开始的部位和进展的方向。它主要取决于生产需要、工期和质量的要求。对单层建筑物应按工段、跨间,分区分段地确定出在平面上的施工流向;对多层建筑物除了要确定每层在平面上的施工流向,还要确定在竖向上的施工流向。施工流向的确定涉及施工活动的开展和进程,是组织施工活动的重要环节。

确定单位工程的施工流向,一般应考虑如下因素:

1. 生产工艺或使用要求

生产工艺或使用要求是确定施工流向的重要因素。从生产工艺上考虑,影响其他工段试车投产的工段或建设单位对使用要求急切的工段应先进行施工。

2. 施工的繁简程度

单位工程中技术复杂、施工进度慢、工期较长的工段或部位应先施工。如高层现浇钢筋混凝土结构房屋,主楼部分先施工,裙房部分后施工。

3. 高低跨或高低层

装配式钢筋混凝土单层工业厂房结构吊装中,应从高低跨并列处开始。屋面防水层施工应按先高后低的顺序进行,高低层并列的多层房屋应先从层数多的房屋处开始施工;基础埋深不同的房屋,应先施工深的基础,后施工浅的基础。

4. 现场条件和施工方案

施工场地的大小、道路的布置、施工方案的选择也是确定施工流向的重要因素。如土方工程施工中,边开挖边外运余土,则施工起点应选择在远离道路的部位,由远而近地进行施工;结构吊装工程中,起重机械可选用桅杆式起重机、自行式起重机、塔式起重机,施工现场条件和施工方案决定了起重机械类型和型号的选择，这些起重机械的开行路线和布置位置决定了结构吊装的施工流向。

5. 施工组织的分层分段作业

土木工程施工的一系列生产活动是施工过程在时间上、空间上的进展，在组织施工生产中，要在平面上划分施工段，在竖向上划分施工层。在组织施工时可采用依次作业、平行作业和流水作业等不同的生产组织方式。在施工段、施工层的分界部位，如伸缩缝、沉降缝、防震缝、施工缝，也是确定施工流向应考虑的因素。

6. 分部分项工程的特点及其相互关系

如基础工程由施工机械和施工方法决定其平面上的施工流向；主体结构工程施工在平面上看从哪个方向开始都可以，但竖向上施工流向必须是自下而上的；装饰工程竖向施工比较复杂，室外装饰工程可采用自上而下的施工流向，室内装饰工程可采用自上而下、自下而上和自中而下再自上而中三种施工流向。

（三）选择主要分部分项工程的施工方法和施工机械

施工方法和施工机械的合理选择是制定施工方案的关键。它直接影响施工进度、质量、成本和安全，在组织项目施工时应该予以充分重视。单位工程中各分部分项工程可以采用不同的施工方法和施工机械进行施工，而每种施工方法和施工机械各有其特点，必须从经济、先进、合理的角度出发，选择可行的施工方案。

1. 选择主要分部分项工程的施工方法

确定施工方法时，应重点考虑影响整个单位工程施工的各分部分项工程的施工方法。主要是选择在单位工程中占有重要地位的分部分项工程，施工技术复杂或采用新技术、新工艺及对工程质量起关键作用的分部分项工程，不熟悉的特殊结构工程，缺乏施工经验的分部分项工程的施工方法。必要时应编制单独的分部分项工程的施工作业计划，提出质量要求以及达到质量要求的技术措施。

选择的施工内容主要包括：

（1）土石方工程

计算土石方工程的工程量，确定土石方的开挖方法，选择土石方的施工机械，确定土石方开挖的放坡系数以及土壁支撑形式，选择排除地面水和降低地下水位的方法，确定排水沟、集水井和井点系统的布置，确定土石方平衡调配方案。

（2）钢筋混凝土工程

选择模板类型和安装模板的方法，进行模板设计和绘制模板放样图，选择钢筋的加工、绑扎和焊接方法，确定混凝土的搅拌、运输、浇筑、振捣和养护方法，确定施工缝的留设位置，确定预应力混凝土的张拉设备和施工方法。

（3）砌筑工程

确定墙体的组砌方法和质量要求，确定脚手架的搭设方法及安全网的挂设方法，选择垂直和水平运输机械。

（4）结构安装工程

确定起重机的类型、型号和数量，确定结构的安装方法，确定起重机械的位置和开行路线，确定构件的运输、装卸和堆放方法。

（5）屋面工程

确定屋面工程防水层的施工方法，确定屋面材料的运输方式。

（6）装饰工程

确定各种装饰工程的操作方法和质量要求，选择材料的运输方式，确定工艺流程和机具设备。

2. 选择施工机械

选择施工机械是确定施工方法的核心。施工机械的选择应主要考虑以下因素：

（1）选择主导施工机械

根据工程项目的特点，选择适宜的主导施工机械。如单层工业厂房结构吊装，当工程量较大且集中时，可以选择生产效率较高的塔式起重机；当工程量较小又分散时，选择自行式起重机比较合理。在选择起重机时，应满足起重量、起重高度和起重半径的要求。

（2）施工机械的类型和型号满足施工要求

为了充分发挥主导施工机械的效率，各种辅助机械或运输工具与主导机械要协调配合。如土方工程中采用汽车运土，汽车容量一般是挖土机斗容量的整数倍，汽车数量应保证挖土机连续工作。

（3）应尽量减少施工机械的种类和数量

在同一工地施工时，应力求减少施工机械的种类和数量，宜采用多用途机械施工，方便机械管理。如挖土机既可以挖土，又可以装卸、起重等，做到一机多用。

（4）应尽量选用现有的施工机械

为了提高施工的经济效益，减少施工的投资额，降低施工成本，应尽量选用本单位现有的施工机械。当本单位现有的施工机械不能满足施工要求时，才购买或租赁施工机械。

（四）制定技术组织措施

技术组织措施是在技术和组织方面对保证工程质量、工期、成本、安全、环境保护和文明施工所采用的方法。它是在严格执行施工验收规范和操作规程的前提下，针对不同施工项目的特点制定出的相应措施，是施工组织设计不可缺少的内容。

1. 保证质量措施

（1）做好技术交底工作，严格执行施工验收规范和操作规程。

（2）对新结构、新工艺、新材料、新技术的施工操作制定相应的技术措施。

（3）保证工程定位、放线、标高测量等准确无误的措施。

（4）保证地基承载力、基础和地下结构施工质量的措施。

（5）保证主体结构工程中关键部位施工质量的措施。

（6）保证屋面、装饰工程施工质量的措施。

（7）保证冬、雨期施工质量的措施。

（8）加强现场技术管理工作，对工程质量进行动态控制。

2. 降低成本措施

（1）合理进行土方平衡调配，降低土方运输费用。

（2）综合利用施工机械，节约机械台班费用。

（3）提高模板安装精度，加快模板周转速度。

（4）建立合理的劳动组织，提高劳动生产率，减少用工数量。

（5）保证工程施工质量，减少返工费用。

（6）提高机械设备的使用效率，减少机械设备的费用支出。

（7）节约临时设施费用。

（8）加快工程施工进度，使工程建设提前完工，节省各项费用支出。

3. 保证工期措施

（1）编制施工进度计划表，使各分部分项工程进行合理搭接，缩短建设工期。

（2）做好施工前的准备工作，按照进度计划的要求，科学合理地组织施工。

（3）定期对施工进度的计划值和实际值进行比较，如发现进度偏差，采取相应的纠偏措施。如发现原定的施工进度目标不合理，则调整施工进度目标。

（4）加强施工现场管理，对劳动力实行优化组合和动态管理。

（5）加强施工中的过程控制，严格"三检"制度，提高交工验收的合格率，避免不必要的返工延误工期。

（6）优化施工方案，对生产要素进行合理配置，提高机械设备完好率、利用率和机械化施工的程度。

（7）挖掘施工企业内部潜力，广泛开展施工劳动竞赛，确保总工期目标和阶段性目标的顺利实现。

4. 保证安全措施

（1）建立健全施工安全管理制度。

（2）制定安全施工宣传、教育的具体措施，安全员应持证上岗，保证项目安全目标的实现。

（3）必须对所有的新工人进行三级安全教育，即施工人员进场前进行公司、项目部、作业班组的安全教育。

（4）调查工程项目的自然环境和作业环境对施工安全的影响。

（5）对采用的新结构、新工艺、新材料、新技术及特殊、复杂的工程项目，需制定专门的安全技术措施，确保安全施工。

（6）对主要分部分项工程，如土石方工程、基础工程、砌筑工程、钢筋混凝土工程、结构吊装工程、脚手架工程等必须编制单独的分部分项工程安全技术措施。

（7）编制各种机械动力设备、用电设备的安全技术措施。

（8）季节性施工要制定防暑降温、防触电、防雷、防坍塌、防风、防火、防滑、防煤气等措施。

5．环境保护和文明施工措施

（1）按照施工总平面图的要求合理布置各项临时设施。

（2）施工现场要设置围挡，市区主要路段不宜低于 2.5 m，一般路段不低于 1.8 m，实行封闭管理。

（3）施工现场必须设置明显的"五牌一图"（即工程概况牌、安全生产制度牌、文明施工制度牌、环境保护制度牌、消防保卫制度牌、施工现场平面布置图）。

（4）施工现场的出入口交通安全，道路畅通，场地平整，安全与消防设施齐全。

（5）施工现场的施工区、办公区和生活区要分开设置，功能分区要明确，保持安全距离。

（6）各种材料、构配件应分品种、规格整齐堆放。

（7）要制订施工现场的施工垃圾、生活垃圾运输计划，防止环境污染。

（8）项目部要根据施工过程的特点、环境保护和文明施工的要求，定期进行检查、考核和评价。

（五）技术经济评价

工程项目施工的整个过程是按照预先编制的施工组织设计进行的。单位工程施工组织设计中最核心的部分是施工方案的选择，施工方案是否合理直接关系到工程项目的质量、进度和成本控制。因此，必须对工程项目施工方案进行技术经济分析和评价，从若干个可行的施工方案中选择最佳的施工方案，使建筑企业取得较好的经济效益和社会效益。

施工方案的技术经济评价的目的就是选择技术上先进、经济上合理、施工上可行的适合该工程项目的最佳方案。它涉及的因素众多，内容复杂，通常有定性分析和定量分析。

1．定性分析

定性分析就是对众多施工方案进行优缺点比较，从中选择最佳的施工方案。如从施工操作的难易度、安全的可靠性、季节性施工的影响、现有施工机械和设备的情况、施工现场文明施工的条件等方面进行比较。该方法比较简单，主观随意性较大，仅适用于施工方案的初步评价。

2．定量分析

定量分析就是对众多施工方案相同的若干技术经济指标进行比较、分析和计算，选择综合评分最高的施工方案。该方法比较客观，指标的计算比较复杂。其评价指标主要有以下几种：

（1）技术性指标

技术性指标主要包括深基坑支护技术方案中土层锚杆总量，大体积混凝土浇筑方案采用的全面分层、分段分层和斜面分层的浇筑方法，结构吊装方案中构件的起重量、起重高度和起重半径，工程项目的建筑面积，主要分部分项工程量以及施工过程中工程质量的保证措施等。

（2）经济性指标

经济性指标包括：主要专用设备需要量，如设备型号、台数、使用时间等；施工中的资源需要量，主要是指采用不同的施工技术方案引起的材料增加量和资源需要量，包括主要工种工人需要量、劳动消耗量、主要材料消耗量等；单位面积工程造价；劳动生产率；施工机械化程度等。

（3）效益指标

效益指标主要包括施工工期、工程总工期、主要材料节约指标、降低成本指标等。

第三节　单位工程施工进度计划

单位工程施工进度计划是在施工方案的基础之上，根据规定工期和各种资源供应条件，按照施工过程合理的施工顺序和组织施工原则，用图的形式对单位工程中各分部分项工程之间的搭接关系，开、竣工时间以及计划工期等做出的合理安排。它是单位工程施工组织设计中的一项非常重要的内容。

一、单位工程施工进度计划的作用

（1）是控制各分部分项工程施工进度的主要依据。

（2）确定单位工程中主要分部分项工程的施工顺序、施工持续时间、相互衔接和协作配合关系。

（3）为编制月度、季度生产作业计划提供依据。

（4）为编制各项资源需要量计划提供依据。

（5）为编制施工准备工作计划提供依据。

二、单位工程施工进度计划的分类

单位工程施工进度计划根据施工项目的粗细程度可划分为控制性施工进度计划和实施性施工进度计划。

（1）控制性施工进度计划。控制性施工进度计划按分部工程划分施工项目，控制各分部工程的施工持续时间以及它们之间的相互配合关系。它主要适用于工期较长、规模较大、结构比较复杂以及各种资源还不确定的情况，或者建筑结构及建筑规模等可能发生变化的情况。

（2）实施性施工进度计划。实施性施工进度计划按分项工程或施工过程划分施工项目，用来具体确定各分项工程的施工持续时间以及它们之间的相互配合关系。它主要适用于工期较短、施工任务具体而明确、施工条件基本落实、各种资源供应正常的情况。

控制性施工进度计划要宏观一些，实施性施工进度计划要具体一些，实施性施工进度计划是对控制性施工进度计划的进一步补充和完善，更具有可操作性。

三、单位工程施工进度计划的编制依据

（1）工程承包合同。

（2）经审批的图纸以及技术资料。

（3）施工总进度计划。

（4）主要分部分项工程的施工方案。

（5）各种资源的供应情况。

（6）分包单位的情况。

（7）施工定额和预算定额。

（8）其他有关资料等。

四、单位工程施工进度计划的编制程序

单位工程施工进度计划的编制程序为：收集编制依据→划分施工过程→计算工程量→套用施工定额→计算劳动量和机械台班需用量→确定施工过程的持续时间→编制施工进度计划初始方案→检查和调整施工进度计划初始方案→编制正式施工进度计划方案。

五、单位工程施工进度计划的编制步骤

（一）划分施工过程

施工项目是单位工程施工进度计划的基本组成单元。编制单位工程施工进度计划时，首先按照施工图纸和施工顺序把拟建单位工程进行项目分解，列出各个施工过程，并结合施工条件、施工方法和劳动组织等因素，加以适当调整，使其成为编制单位工程施工进度计划所需的施工项目。

通常，单位工程施工进度计划所列施工项目仅包括直接在施工现场的建筑物或构筑物上进行砌筑或安装的施工过程，而对于预制加工厂构件制作和运输的施工过程则不包括在内。对于施工现场就地预制的构件，它们单独占有工期，而且对其他施工过程的施工会产生影响，构件的运输需要和其他施工过程密切配合，如构件的随运随吊，也需要把这些项目列入施工进度计划。

在确定施工过程时，应考虑以下问题：

1. 施工过程划分的粗细程度要结合工程的实际需要

施工过程划分的粗细程度主要根据单位工程施工进度计划的需要确定，对于控制性施工进度计划，施工过程的划分可以适当粗一些，只需列出分部工程的名称。如装配式钢筋混凝土单层工业厂房施工，只列出土石方工程、基础工程、预制工程、安装工程等各分部工程项目。对于实施性施工进度计划，则要求划分得细一些，特别是主导工程和主要分部工程，应尽量做到详细而具体，便于指导具体工程的施工，这样可以对施工进度计划进行有效的控制。如装配式钢筋混凝土单层工业厂房施工，不仅要列出各分部工程项目，而且要把各分部工程项目所包含的分项工程列出，如预制工程需要列出柱子预制、梁预制、屋架

预制等项目。

2. 施工过程的划分要考虑施工方案的选择

施工方案的选择是单位工程施工组织设计的核心。施工方案中所确定的施工顺序、施工阶段的划分等直接影响到施工进度的安排。施工过程的划分要结合具体的施工方法。如装配式钢筋混凝土单层工业厂房的结构吊装，如采用分件吊装法，则施工过程应按照吊装柱子、基础梁安装、连系梁安装、吊车梁安装、吊装屋架、吊装屋面板来划分；如采用综合吊装法，则施工过程应按照节间来划分。如装配式钢筋混凝土单层工业厂房设备基础的施工，当采用封闭式施工方案时，厂房柱基础先施工，设备基础工程的若干施工过程应单独列出，设备基础在结构吊装完成后再施工；当采用敞开式施工方案时，设备基础先施工或厂房柱基础和设备基础同时施工，也可以合并成一个施工过程。

3. 要适当地对施工过程的内容进行简化

可以适当地简化施工过程的内容，避免施工过程划分过细，重点不突出，反而失去了指导施工的意义。可以将某些穿插性的分项工程合并到主导分项工程中，次要的零星分项工程或同一时间由同一专业施工队施工的过程合并为一个施工过程。如门窗框安装可以并入砌筑工程中；工业厂房中的钢门窗油漆、钢支撑油漆、钢梯油漆等合并为钢构件油漆一个施工过程。

4. 设备安装工程和土建工程的协调配合

设备安装工程通常由专业施工队负责施工，应单独列出。在土建工程施工进度计划中，只需要反映出与土建工程的协调配合关系即可。

5. 施工过程排列顺序的要求

所有的施工过程应大致按施工顺序进行排列编号，避免重复或遗漏，所采用的名称可参考现行的施工定额手册上的项目名称。

（二）计算工程量

工程量计算应根据施工图纸、工程量计算规则以及相应的施工方法进行。施工进度计划中的工程量不作为工程结算的依据，通常可以直接采用施工图预算的工程量计算数据，但要结合工程项目的实际情况做适当的调整和补充。如土石方工程施工中挖土工程量，应根据土壤的类别和施工方法按实际情况进行计算。工程量计算应注意以下问题：

1. 工程量的计量单位

单位工程中各分部分项工程的工程量计量单位与现行的施工定额的计量单位一致，以便计算劳动量、材料和施工机械台班消耗量时直接套用定额，不再进行换算。

2. 采用的施工方法和安全技术要求

不同的施工方法和安全技术要求，其计算结果是不一样的。因此，工程量计算应结合选定的施工方法和安全技术要求，使计算的工程量与施工的实际情况相符合。如挖土时是否放坡，是否增加工作面，坡度和工作面的具体尺寸是多少，是否需要加设临时支撑，开挖方式是单独开挖、条形开挖还是整片开挖等，土方工程量相差是很大的，这些都直接影响到工程量的计算结果。

3. 施工组织要求

应结合施工组织的要求，分区、分段、分层计算工程量，以便组织流水作业。根据工程量总数分别除以层数和段数，得出每层、每段上的工程量，即流水节拍，流水节拍是组织流水施工的主要参数之一。

4. 正确使用预算文件中的工程量数据

编制单位工程施工进度计划时，如已编制了预算文件，应合理使用预算文件中的工程量数据。施工进度计划中的施工过程大多数可直接采用预算文件中的工程量数据，施工进度计划中的施工过程与预算文件中的施工过程不同或有出入时，如计量单位、计算规则等，应根据施工中的实际情况进行调整或重新确定。

（三）套用施工定额

根据所划分施工过程和施工方法确定了工程量以后，即可套用施工定额（当地实际采用的劳动定额及机械台班定额）计算劳动量和机械台班需用量。

施工定额是以同一性质的施工过程作为研究对象，表示生产产品数量与时间消耗关系的定额，它是施工企业组织生产和加强管理使用的一种定额。施工定额由人工定额、材料消耗定额和机械台班使用定额组成。

施工定额有时间定额和产量定额两种表现形式。时间定额就是某种专业、某种技术等级的工人班组或个人在合理的劳动组织和使用材料的条件下，完成单位合格产品所必需的工作时间。时间定额以工日为单位，每一工日按 8h 计算。

产量定额就是在合理的劳动组织和使用材料的条件下，某种专业、某种技术等级的工人班组或个人在单位工日中所应完成的合格产品的数量。时间定额和产量定额互为倒数关系，两者的乘积等于1。

套用施工定额时，必须结合本单位工人的技术等级、实际操作水平、施工机械情况和施工现场条件等因素，确定实际采用的定额水平，使计算出来的劳动量和机械台班需用量符合实际。对于有些新技术、新工艺、新材料、新设备或特殊施工方法的施工过程，施工定额手册还未列出，可参考类似施工过程的定额、经验资料或按实际情况选择。

第四节　资源配置计划

单位工程施工进度计划编制完成以后，根据施工图纸、施工方案、工程量计算资料以及施工进度计划等有关资料，编制资源配置计划。

资源配置计划包括劳动力需要量计划、主要材料需要量计划、构件和半成品需要量计划、施工机械需要量计划。

一、劳动力需要量计划

劳动力需要量计划是安排劳动力、调配和衡量劳动力消耗指标，安排生活福利设施的主要依据。其编制方法是将施工进度计划表上每天需要的施工人数按工种进行汇总而得。

二、主要材料需要量计划

主要材料需要量计划是安排备料、确定仓库和堆场面积、组织运输的主要依据。其编制方法是根据施工预算中工料分析表、材料消耗定额、施工进度计划表，将施工中所需材料按名称、规格、数量、使用时间进行汇总得到。

三、构件和半成品需要量计划

构件和半成品需要量计划可根据施工图、施工方案、施工方法和施工进度计划编制。它主要用于落实加工订货单位，并按照所需规格、数量、时间组织加工和运输，确定仓库和堆场。

四、施工机械需要量计划

施工机械需要量计划根据施工预算、施工方案、施工进度计划编制。它主要用于确定施工机械的类型、数量、进场时间，据此落实机械来源，组织进场。其编制方法是将单位工程施工进度计划中的每一个施工过程每天所需的机械类型、数量和施工日期进行汇总得到。

第五节　单位工程施工平面图

单位工程施工平面图是对拟建工程施工现场的平面规划和空间布置。它是施工总平面图的组成部分。单位工程施工平面图是施工准备工作的一项重要内容，是实现有组织、有计划地进行施工的重要条件，也是施工现场文明施工的重要保证。它根据工程规模、特点和施工现场的条件，按照一定的设计要求，正确处理施工期间各种暂设工程和永久性设施及拟建工程之间的合理位置关系。因此，科学合理地进行单位工程施工平面图设计，不仅可以顺利完成施工任务，而且能提高施工效率。

单位工程施工平面图的绘制比例一般为 1 ： 100 ～ 1 ： 500。

一、单位工程施工平面图的设计内容

单位工程施工平面图的设计内容有：

（1）建筑总平面图上已有和拟建的地上、地下的一切房屋、构筑物以及其他设施（道路和各种管线）的位置和尺寸。

（2）测量放线标桩位置、地形等高线和土方取弃场地。

（3）垂直运输设备的布置位置（如塔式起重机、施工电梯的布置）。

（4）生产、生活用临时设施的布置位置（如搅拌站、加工车间、仓库、办公室、食堂、宿舍、供水及供电管线、运输道路、通信线路的布置等）。

（5）各种材料、构件、半成品的仓库或堆场。

（6）一切安全及防火设施的位置。

二、单位工程施工平面图的设计依据

单位工程施工平面图的设计依据有：

（1）自然条件调查资料。包括气象、水文、地形、地貌及工程地质资料。

（2）技术经济调查资料。包括水源、电源、物资资源、交通运输、生产和生活基地情况。

（3）建筑总平面图。包括地上、地下的一切房屋、构筑物以及其他设施。它是正确确定临时房屋以及其他设施位置、修建施工现场临时运输道路等所需的资料。

（4）已有或拟建的地下、地上的管道位置图。在进行单位工程施工平面图设计时，需考虑利用这些管道，不得在拟建的管道位置上修建临时设施。

（5）建设工程区域的竖向设计图和土方平衡图。这是布置水电管网以及土方工程的挖填、取土、弃土地点的主要依据。

（6）施工方案。根据施工方案可以确定垂直运输机械的数量、位置。

（7）单位工程施工进度计划。据此可分阶段对施工现场进行布置。

（8）各种资源需要量计划。据此合理确定仓库、堆场的位置和面积。

三、单位工程施工平面图的设计原则

单位工程施工平面图的设计原则有：

（1）在保证施工质量和满足现场施工顺利进行的前提下，布置紧凑，尽量不占农田，节约用地，方便现场管理。

（2）在满足施工的前提下，尽量减少临时设施搭设数量，降低临时设施费用。

（3）尽量减少场内运输，减少或避免场内材料、构配件的二次搬运，合理布置现场的运输道路以及各种材料堆场或仓库的位置，降低施工成本。

（4）临时设施的布置要符合功能分区的原则，减少生产和生活的相互干扰，便于施工现场工人的生产和生活。

（5）施工平面图的布置要符合劳动保护、安全生产和消防的要求。

四、单位工程施工平面图的设计步骤

单位工程施工平面图的设计步骤一般为：确定起重机械的位置→确定搅拌站、仓库、加工厂、材料和构件堆场的位置→运输道路的布置→行政管理和文化生活临时设施的布置→水电管网的布置。

（一）确定起重机械的位置

起重机械的位置是施工现场布置的核心，应当首先确定。它直接影响搅拌站、加工厂、仓库、材料及构件堆场、道路和水电管网的布置。由于各种起重机械的性能不同，其布置方式也不相同。

1. 固定式垂直运输机械

固定式垂直运输机械包括井架、龙门架、桅杆、施工电梯等。主要根据机械性能、拟建建筑物的平面形状和尺寸、施工段的划分、材料进场方向及运输道路情况综合考虑。布置原则是充分发挥垂直运输机械的工作效率，使地面和楼面的水平运距最小。布置时应考虑下列因素：

（1）当拟建建筑各部分的高度相同时，应布置在施工段的分界线附近。

（2）当拟建建筑各部分的高度不相同时，应布置在高低分界线较高部位一侧。这样布置方便楼面上各施工段的水平运输，彼此互不干扰，提高施工效率。

（3）井架、龙门架、施工电梯宜布置在窗洞口处，应避免砌墙留槎和减少井架拆除后的修补工作。

（4）井架、龙门架的数量要根据施工进度计划、垂直运输量、台班工作效率等因素确定。

（5）卷扬机和井架、龙门架位置不宜靠得太近，以方便司机能够看到整个升降过程。

2. 有轨式起重机械

有轨式起重机械的轨道通常沿拟建建筑的长向布置，其位置、尺寸取决于建筑物的平面形状和尺寸、构件重量、起重机的性能及周围施工现场的具体条件。轨道布置有四种方式：单侧布置、双侧布置或环形布置、跨内单行布置和跨内环形布置。当建筑物宽度较小，构件重量不大时，应采用单侧布置方式；当建筑物宽度较大，构件重量较大时，应采用双侧布置或环形布置；当建筑物周围场地狭窄，不能在建筑物外侧布置轨道，或建筑物较宽，构件较重时，塔式起重机只有采用跨内单行布置，才能满足技术要求；当建筑物较宽，构件较重时，塔式起重机跨内单行布置不能满足结构吊装要求，应采用跨内环形布置。

轨道布置完成后，还应绘制塔式起重机的服务范围，确保建筑物的平面处于塔式起重机回转半径的有效覆盖范围，尽量避免出现死角。由于轨道式塔式起重机占用施工场地大，路基工作量大，使用高度受到一定限制，通常适用于较低的建筑物。特别是其稳定性较差，目前已逐渐退出施工领域。

3. 无轨自行式起重机械

无轨自行式起重机械包括履带式、汽车式和轮胎式三种。它们通常不用做水平运输和垂直运输，主要做构件的装卸和起吊。其适用于装配式单层工业厂房主体结构的吊装，起重机的开行路线和停机位置与起重机的性能、构件的尺寸、构件的重量、构件的平面布置、结构吊装方法等许多因素有关。

（二）确定搅拌站、仓库、加工厂、材料和构件堆场的位置

搅拌站、仓库、加工厂、材料和构件堆场的位置应尽量靠近使用地点或在起重机回转半径之内，以方便起重机的装卸和运输。

1. 搅拌站的布置

混凝土搅拌有现场搅拌混凝土和商品混凝土两种方式。

对于现场搅拌混凝土，搅拌站的位置应尽量靠近使用地点或垂直运输机械；搅拌站应有后台上料的场地，所用的砂、石、水泥、水都应该布置在搅拌站附近，减少材料运输的水平距离；当浇筑基础混凝土时，由于浇筑量较大，搅拌站可以布置在基坑边缘，待混凝土浇筑完成后再转移，同样也可以减少混凝土运输的距离。

使用商品混凝土施工，可以不考虑现场混凝土搅拌站的布置问题。

2．仓库的布置

仓库要预先通过计算确定面积，根据各施工阶段所需材料的先后顺序进行布置。如水泥库宜选择地势较高、排水方便的地方布置，易燃品仓库的布置应符合防火要求。

3．加工厂的布置

加工厂如木工棚、钢筋加工棚，宜布置在离建筑物较远的地方，且应有一定的材料、成品的堆放场地。

4．材料和构件堆场的布置

材料和构件堆场的布置，在满足施工进度要求的前提下，优先考虑分期分批进场，降低施工成本。如基础及底层所用的材料宜布置在建筑物周围，并距坑、槽边不小于 0.5 m，以免造成塌方事故。二层以上所用材料可适当布置得远一些，按照施工顺序的要求，合理进行布置，减少材料和构件堆场所占场地面积。

（三）运输道路的布置

施工现场的主要运输道路应尽可能利用永久性道路的路面或路基，以节约施工费用。现场施工道路的布置要保证车辆通行畅通，运输道路布置成环形，车辆的转弯半径符合要求。通常单行道不小于 3.5 m，双行道不小于 6.5 m，道路两侧结合地形设置排水沟。

（四）行政管理和文化生活临时设施的布置

临时设施分为生产性临时设施和非生产性临时设施。布置生产性临时设施和非生产性临时设施时，最重要的一点就是功能分区要明确，避免生产和生活相互干扰，确保施工现场的安全生产。生产性临时设施包括仓库、加工棚等，其布置在前面已经介绍。非生产性临时设施包括办公室、工人休息室、门卫室、开水房、食堂、浴室、厕所等，其布置要考虑使用方便，有利于施工，符合安全、防火的要求。如门卫室的设置宜安排在现场出入口处，办公室的安排宜靠近施工现场。

（五）水、电管网的布置

1．施工临时用水管网的布置

施工临时用水包括现场施工用水、施工机械用水、施工现场生活用水、生活区生活用水、消防用水。考虑使用过程中水量的损失，分别计算以上各项用水量以后，才能计算总用水量。

　　在保证不间断供水的情况下，管道铺设越短越好，同时还需考虑施工期间各段管网移动的可能性。主要供水管网宜采用环状布置，尽量利用已有的或永久性管道，管径要经过计算确定。过冬的临时水管须埋入冰冻线以下或采取保温措施，工地内要设置消火栓，消火栓距离建筑物不小于 5 m，也不大于 25 m，距离路边不大于 2 m，条件允许时，可利用城市或建设单位的永久性消防设施。

　　2. 施工临时用电线路的布置

　　单位工程施工用电应在施工总平面图中一并考虑，只有独立的单位工程施工时，才计算出现场施工用电量。选择变压器以及导线的截面和类型，变压器的位置应布置在现场边缘高压线接入处，但不宜布置在交通要道出入口处。

　　土木工程施工是一个复杂多变的生产过程，各种施工机械、材料、构配件等随着工程的进展逐渐进场，又随着工程的进展逐渐消耗和变动。在整个施工过程中，现场的实际情况是多变的，因此，对施工现场的管理也是一个动态的过程。对于较小的建筑物，通常是按照主要施工阶段的要求进行施工平面图布置，但同时需要考虑其他施工阶段如何合理地使用已有的施工平面图，或者对现有的施工平面图进行微小的调整来满足使用要求。对于大型建筑工程，施工期限较长或施工场地狭小的建筑工程，必须按照施工阶段来布置几个施工平面图，不同的施工阶段对应不同的施工平面图，只有这样才能把现场的合理布置正确表达出来，满足不同情况下生产的需要。

第四章　土木工程项目管理体系

第一节　项目管理的基本知识

工程项目管理与项目管理有很大的联系，但同时由于工程项目本身独有的特点，又赋予了工程项目管理某些特定的内容。在信息技术不断运用与完善的大环境下，工程项目管理正在向全新的方向发展。

一、项目与项目管理

（一）项目的概念和特征

项目是被承办的，旨在创造某种独特产品或服务而做出的临时性努力。一般来说，项目具有明确的目标和独特的性质：每一个项目都是唯一的、不可重复的，具有不可确定性、资源成本约束性等特点。

项目管理的对象是具体的项目，而项目的特征又成为判断某类事物项目属性的重要依据，其主要有以下几点特征：第一，项目资源和成本的约束性。项目的实施是企业或者组织调用各种资源和人力来实施的，但这些资源都是有限的，而且组织为维持日常的运作，不会把所有的人力、物力和财力放于这一项目上，投入的仅仅是有限的资源。第二，时限性。时限性是指每一个项目都有明确的开始和结束。当项目的目标都已经达到时，该项目就结束了；当项目的目标确定不能达到时，该项目就会终止。时限是相对的，并不是说每个项目持续的时间都短，而是仅指项目具有明确的开始和结束时间，有些项目需要持续几年，甚至更长时间。第三，项目的不确定性。项目的实行过程中，所面临的风险比较多，一方面是因为经验不丰富，环境不确定；另一方面就是生产的产品和服务具有独特性，在生产前对这一过程并不熟悉，因此，项目实行过程中所面临的风险比较多，具有明显的不确定性。第四，项目的唯一性，或者说独特性。区别一种或一系列活动是不是项目，其重要的标准就是辨别这些活动是否生产或提供特殊的产品和服务，这就是项目的唯一性。每一个项目的产品和服务都是唯一的、独特的。第五，实施过程的一次性。项目是一次性任务，一次性是项目与重复性运作的主要区别。而且随着项目目标的逐渐实现、项目结果的移交和合同的终止，该项目也即结束。第六，冲突性。项目经理与一般经理相比，更多地生活在冲突的世界里。在项目中存在着各种冲突，如项目与各职能部门之间争夺人力、成本、权力等引发冲突，项目经理与各职能部门领导人、客户、项目小组成员之间的矛盾。可以看出，项目要想获得成功就必须解决好这些矛盾和冲突。

（二）建筑工程项目概念与特征

建筑工程项目作为项目在土木工程层面上的一种具体形式，它是为完成依法立项的新建、改建、扩建的各类工程而进行的、有起止日期的、达到规定要求的一组相互关联的受控活动组成的特定过程，包括策划、勘察、设计、采购、施工、试运行、竣工验收和移交等。建筑工程项目的建设具有以下几个特点。

一是目标的明确性。建设项目以形成固定资产为特定目标，政府主要审核建设项目的宏观经济效益和社会效益，企业则更重视盈利能力等微观的财务目标。二是建设项目的整体性。在一个总体设计或初步设计范围内，建设项目由一个或若干个互相有内在联系的单项工程所组成，建设中实行统一核算、统一管理。三是过程的程序性。建设项目需要遵循必要的建设程序和经过特定的建设过程。一般建设项目的全过程都要经过提出项目建议书，进行可行性研究、设计、建设准备、建设施工和竣工验收交付使用六个阶段。四是项目的约束性。建设项目的约束条件主要有：时间约束，即要有合理的建设工期限限制；资源约束，即有一定的投资总额、人力、物力等条件限制；质量约束，即每项工程都有预期的生产能力、产品质量、技术水平或使用效益的目标要求。五是项目的一次性。按照建设项目特定的任务和固定的建设地点，需要专门的单一设计，并应根据实际条件的特点，建立一次性组织进行施工生产活动，建设项目资金的投入具有不可逆性。六是项目的风险性。建设项目的投资额巨大，建设周期长，投资回收期长。期间的物价变动、市场需求、资金利率等相关因素的不确定性，会带来较大风险。

（三）项目管理

项目管理有两种不同的含义：一是指一种管理活动，即项目管理者根据项目的特征，按照客观规律的要求，并运用系统工程的观点、理论和方法，对项目发展的全过程进行组织管理的活动。二是指一种管理学科，即以项目管理活动为研究对象的一门学科体系，它是探索项目组织与管理的理论与方法。本书所指的工程项目管理，是指以工程建设项目管理活动为研究对象，以建立和探索工程建设项目（工程建设项目管理的理论、规律、方法、学科）为目标的现代科学管理理论。项目管理综合运用了多种现代管理理论和方法，具有以下特点。

第一，管理思想的现代化。管理对象（项目）是由要素组成的系统，而不是孤立的要素，管理必须从系统整体出发，研究系统内部各子系统之间的关系、各要素之间的关系以及系统与环境之间的关系。因而，系统理论已成为现代项目管理的管理思想和哲学基础。在项目管理理论中，项目被看作一个开放的系统，即系统内部与环境之间有物质、能量和信息的交换。由于系统内部子系统的交互作用以及外部复杂因素的干扰，时常使得项目子系统不得不以不合理的方式运行，使得项目的实施偏离计划指标。为此，应及时将信息反馈，并加以处理即调整原计划，采取措施以纠正偏差。因此，为保证项目最终目标的实现，必须对项目的运行进行动态的控制。

第二，管理组织的现代化。依据现代管理组织理论，采用开放系统模式，并用科学的法规和制度规范组织行为，确定组织功能和目标，协调管理组织系统内部各层次之间及同外部环境之间的关系，提高管理组织的工作效率。

第三，管理手段和管理方法的现代化。依据现代管理理论，应用数学模型、电子计算机技术、管理经验、管理者的才能和权威，通过定量分析与定性分析相结合，实现管理过程的系统化、网络化、自动化和优化，以提高项目管理的科学性和有效性。

二、工程项目管理

（一）概念

工程项目管理，是指应用项目管理的理论、观点和方法，对工程建设项目的决策和实施的全过程进行全面的管理。对于这个概念，需要作如下的说明。

首先，管理的对象是工程建设项目发展周期的全过程，包括项目的可行性研究、设计、工程招投标以及采购、施工等工作内容，而不仅是其中的某一阶段，尤其不要误以为仅是针对工程项目的施工阶段。其次，管理的主体是多方面的。一般来说，在工程建设发展周期的全过程中，除业主为项目的顺利实现而实施必要的项目管理以外，设计单位、监理公司（如果业主有委托）、从事工程施工和材料设备供应的承包商和供应商等也分别有站在各自立场上的项目管理。另外，政府有关部门也要对项目的建设给予必要的监督管理。最后，任何一个工程建设项目都是一个投资项目，如果项目管理研究的着眼点是项目的价值形态资金运行，那么，它属于投资项目管理的研究范畴，而工程项目管理首要的着眼点是工程管理，当然应该应用项目管理的理论、观点和方法。

（二）任务

工程项目管理的任务，大致有以下六个方面：第一，建立项目管理组织。明确本项目各参加单位在项目周期实施过程中的组织关系和联系渠道，并选择合适的项目组织形式。做好项目实施各阶段的计划准备和具体组织工作，组建本单位的项目管理班子，聘任项目经理及各有关职能人员。第二，费用控制。编制费用计划（业主编制投资分配计划，施工单位编制施工成本计划），采用一定的方式、方法，将费用控制在计划目标内。第三，进度控制。编制满足各种需要的进度计划，把那些为了达到项目目标所规定的若干时间点，连接成时间网络图，安排好各项工作的先后顺序和开工、完工时间，确定关键线路的时间。经常检查计划进度执行情况，处理执行过程中出现的问题，协调各单体工程的进度，必要时对原计划作适当调整。第四，质量控制。规定各项工作的质量标准，对各项工作进行质量监督和验收，处理质量问题。质量控制是保证项目成功的关键任务之一。第五，合同管理。起草合同文件，参加合同谈判，签订并修改合同，处理合同纠纷、索赔等事宜。第六，信息管理。明确参与项目的各单位以及本单位内部的信息流，相互间信息传递的形式，时间和内容，确定信息收集和处理的方法、手段。

（三）特点

工程项目管理的特征表现在以下几个方面。

1. 一项复杂的工作

工程项目管理，尤其是现代的一些重点工程项目，具有规模大，范围广、投资大的特点，还广泛应用新技术，新工艺、新材料和新设备，集成性强，自动化程度高。整个工程项目由许多专业组成，有时由几十个、几百个甚至上千个组织机构参与才能完成，项目的复杂程度远远超过了以往，管理的复杂性也远远超过以往的工程项目。此外，现代工程项目管理的复杂性还表现在：必须较好地应用技术、经济、法律、管理学和社会学的理论知识，才能做好项目全过程的管理工作。

2. 一个动态的过程

工程项目管理是对某一具体工程建设项目的全过程管理。从项目的生命周期可以得出从项目筹划到建成竣工需要经过一个较长的时期（由工程项目的规模和复杂程度等决定这一时期的长短）。在此期间，项目的内外部环境都会发生各种变化，如业主的要求可能改变，具体的施工条件也会与勘察设计不同，市场供求、金融环境、政府的政策等也会不断变化，所有这些因素都不可能保持稳定不变。一个成功的工程项目管理必须对变化中的环境做出及时适当的反应，才能达成工程项目的目标。

3. 需要管理创新

工程项目的特征要求项目管理具有创新性。每一个工程项目都有不同的目标、不同的资源条件、完全不同的社会环境和内部环境及利益相关者。因此，项目管理者不能用一成不变的管理模式、管理方法进行管理，必须随机地、适宜地采取新思维、新方法、新制度和新措施去进行工程项目的全过程管理，才能确保各个项目目标的实现。

4. 要有专门的组织

项目组织是由项目的行为主体构成的系统。现代工程项目的独特目标、特定的资源条件和技术经济特点都要求由专门的组织来进行管理，否则，按期达成项目的目标就成为一句空话。由于社会化大生产和专业化分工，一个项目的参加单位（或部门）可能有几个、几十个，甚至成百上千个，例如业主、承包商、设计单位、监理单位、分包商、供应商等。它们之间通过行政或合同关系而形成一个庞大的组织体系，为了实现共同的项目目标而承担着各自的项目任务。项目组织是一个目标明确、开放、动态、自我形成的组织系统，组织保障是进行有效工程项目管理的前提条件。

5. 项目经理的核心作用

项目经理，即项目负责人，是项目管理的核心，负责项目的组织、计划及实施过程，以保证项目目标的成功实现，在整个项目全过程中起着十分关键的作用。项目经理的事业心、工作热情与投入、风险精神、阅历经验、组织能力、决策能力以及身体素质等，对于整个项目的顺利实施和取得最佳效果密切相关。一个优秀的项目经理能够凝聚人心，激励大家努力奋斗，去实现项目的最终目标。

（四）各方项目管理的目标

1. 业主方

业主方的项目管理包括投资方和开发方的项目管理以及由工程管理咨询公司提供的代表业主方利益的项目管理服务。由于业主方是建筑工程项目实施过程的总集成者和总组织者。因此，对于一个建筑工程项目而言，虽然有代表不同利益方的项目管理，但业主方的项目管理是管理的核心。业主方项目管理服务于业主的利益，其项目管理的目标是项目的投资目标、进度目标和质量目标。三大目标之间存在着内在联系并相互制约，它们之间是对立统一的关系，在实际工作中，通常以质量目标为中心。在项目的不同阶段，对各目标的控制也会有所侧重，如在项目前期，应以投资目标的控制为重点；在项目后期，应以进度目标的控制为重点。总之，三大目标之间应相互协调，达到综合平衡。

2. 设计方

设计方项目管理主要服务于项目的整体利益和设计方本身的利益，其项目管理的目标包括：设计的成本目标、设计的进度目标、设计的质量目标及项目的投资目标。项目的投资目标能否实现，与设计工作密切相关。设计方项目管理工作主要在项目设计阶段进行，但也涉及设计前的准备阶段、施工阶段、动用前的准备阶段和保修期。

3. 施工方

施工方的项目管理主要服务于项目的整体利益和施工方本身的利益。其项目管理的目标包括：施工的安全目标、施工的成本目标、施工的进度目标和施工的质量目标。施工方的项目管理工作主要在施工阶段进行，但也涉及设计准备阶段、设计阶段、动用前的准备阶段和保修期。

4. 供货方

供货方项目管理主要服务于项目的整体利益和供货方本身的利益。其项目管理的目标包括：供货的成本目标、供货的进度目标和供货的质量目标。供货方的项目管理工作主要在施工阶段进行，但也涉及设计准备阶段、设计阶段、动用前的准备阶段和保修期。

5. 总承包方

建设项目总承包有多种形式，如设计和施工任务综合的承包，设计、采购和施工任务综合的承包等，这些项目管理都属于建设项目总承包方的项目管理。建设项目总承包方项目管理主要服务于项目的整体利益和总承包方本身的利益，其项目管理的目标包括项目的总投资目标和总承包方的成本目标、项目的进度目标和项目的质量目标。建设项目总承包方项目管理工作涉及项目实施阶段的全过程，即设计前的准备阶段、设计阶段、施工阶段、动用前的准备阶段和保修期。

第二节　工程项目管理机构

一项工程建设的全过程离不开项目管理机构的成立、运行与管理。要想在平衡进度、质量、安全等各方面要素的前提下完成工程的建设，就必须选择合理的工程项目管理组织形式，明确项目经理的职责，建立健全管理机构。

一、工程项目管理组织

（一）项目管理组织机构的设置原则

组织构成的要素一般包括管理层次、管理跨度、管理部门和管理职责四个方面。各要素之间密切相关、相互制约，在组织结构设计时必须考虑各要素间的平衡与衔接。

1. 目的性原则

施工项目组织机构设置的根本目的，是为了发挥组织功能，实现施工项目管理的总目标。从这一根本目标出发，就会因目标设事、因事设机构定编制，按编制设置岗位、确定人员，以职责定制度授权力。

2. 精干、高效原则

施工项目组织机构的人员设置，以能实现施工项目所要求的工作任务（事）为原则，尽量简化机构，做到精干、高效。人员配置要从严控制二三线人员，力求一专多能，一人多职。同时，还要增加项目管理班子人员的知识含量，着眼于使用和学习锻炼相结合，以提高人员素质。

3. 管理跨度和分层统一原则

管理跨度亦称管理幅度，是指一个主管人员直接管理的下属人员数量。跨度大，管理人员的接触关系增多，处理人与人之间关系的数量随之增大。对施工项目管理层来说，管理跨度更应尽量少些，以集中精力于施工管理。项目经理在组建组织机构时，必须认真设计切实可行的跨度和层次，画出机构系统图，以便讨论、修正，按设计组建。

4. 业务系统化管理原则

由于施工项目是一个开放的系统，由众多子系统组成一个大系统，各子系统之间，子系统内部各单位工程之间，不同组织、工种、工序之间，存在着大量结合部，这就要求项目组织也必须是一个完整的组织结构系统。恰当分层和设置部门，以便在结合部上能形成一个相互制约、

相互联系的有机整体，防止产生职能分工、权限划分和信息沟通上的相互矛盾或重叠。要求在设计组织机构时以业务工作系统化原则作指导，周密考虑层间关系、分层与跨度关系、部门划分、授权范围、人员配备及信息沟通等，使组织机构自身成为一个严密、封闭的组织系统，能够为完成项目管理总目标而实行合理分工及协作。

5. 弹性和流动性原则

工程建设项目的单件性、阶段性、露天性和流动性，是施工项目生产活动

的主要特点，必然带来生产对象数量、质量和地点的变化，带来资源配置的品种和数量的变化。于是要求管理工作和组织机构随之进行调整，以使组织机构适应施工任务的变化。这就是说，要按照弹性和流动性的原则建立组织机构，不能一成不变，要准备调整人员及部门设置，以适应工程任务变动对管理机构流动性的要求。

6. 项目组织与企业组织一体化原则

项目组织是企业组织的有机组成部分，企业是它的母体，归根结底，项目组织是由企业组建的。从管理方面来看，企业是项目管理的外部环境，项目管理的人员全部来自企业，项目管理组织解体后，其人员仍回到企业，即使进行组织机构调整，人员也是进出于企业人才市场的。施工项目的组织形式与企业的组织形式有关，不能离开企业的组织形式去谈项目的组织形式。

（一）工程项目管理组织方式

1. 职能式项目组织形式

层次化的职能式管理组织形式是当今世界上最普遍的组织形式，它是指企业按职能划分部门，如一般企业设有计划、采购、生产、营销、财务、人事等职能部门。采用职能式项目组织形式的企业在进行项目工作时，各职能部门根据项目的需要承担本职能范围内的工作，项目的全部工作作为各职能部门的一部分工作进行。也就是说，企业主管根据项目任务需要从各职能部门抽调人员及其他资源组成项目实施组织，这样的项目组织没有明确的项目主管经理，项目中各种职能的协调只能由处于职能部门顶部的部门主管来协调。

职能式项目组织的优点：资源利用上具有较大的灵活性；有利于提高企业技术水平；有利于协调企业整体活动。职能式项目组织的缺点：责任不明，协调困难；不能以项目和客户为中心；技术复杂的项目，跨部门之间的沟通更为困难，职能式项目组织形式较难适用。

2. 项目式组织形式

项目式组织结构是指根据企业承担的项目情况从企业组织中分离出若干个独立的项目组织，项目组织有其自己的营销、生产、计划、财务、管理人员。每个项目组织有明确的项目经理，对上接受企业主管或大项目经理的领导，对下负责项目的运作，每个项目组之间相对独立。

项目式组织结构的优点：以项目为中心，目标明确；权力集中，命令一致，决策迅速；项目组织从职能部门分离出来，使沟通变得更为简洁；有利于全面型管理人才的成长。项目式组织结构缺点：机构重复，资源闲置；项目式组织较难给成员提供企业内项目组之间相互交流、相互学习的机会；不利于企业领导整体协调；项目组成员与项目有着很强的依赖关系，但项目组成员与其他部门之间有着清晰的界限，不利于项目组与外界的沟通；项目式组织形式不允许同一资源同时分属不同的项目。

3. 矩阵式项目组织形式

矩阵式组织是项目式组织与职能式组织结合的产物，即将按职能划分的纵向部门与按项目划分的横向部门结合起来，构成类似矩阵的管理架构，当多个项目对职能部门的专业支持形成广泛的共性需求时，矩阵式管理就是有效的组织方式。在矩阵式组织中，项目经理对项目内的活动内容和时间安排行使权利，并直接对项目的主管领导负责，而职能部门负责人则决定如何以专业资源支持各个项目，并对自己的主管领导负责。一个施工企业如采用矩阵组织结构模式，则纵向工作部门可以是计划管理、技术管理、合同管理、财务管理和人事管理部门等，而横向工作部门可以是项目部。

矩阵式组织结构的优点：解决了传统模式中企业组织和项目组织相互矛盾的状况，把职能原则与对象原则融为一体；能以尽可能少的人力，实现多个项目管理的高效率；有利于人才的全面培养。矩阵式组织结构的缺点：由于人员来自职能部门，且仍受职能部门控制，故凝聚在项目上的力量减弱；管理人员如果身兼多职地管理多个项目，便往往难以确定管理项目的优先顺序；项目组织中的成员既要接受项目经理的领导，又要接受企业中原职能部门的领导；矩阵式组织对企业管理水平、项目管理水平、领导者的素质、组织机构的办事效率、信息沟通渠道的畅通，均有较高要求。

二、项目经理

（一）项目经理的职责

项目管理的主要责任是由项目经理承担的，项目经理的根本职责是确保项目的全部工作在项目预算范围内按时、优质地完成，从而使客户或业主满意。

一般来说，项目经理主要具有以下职责。

1. 实现委托人的意愿

业主的项目经理受业主的委托代为管理项目，因此，他应对项目的资源进行适当的管理，保证在资源约束条件下所得资源能够被充分有效地利用，与委托人进行及时有效地沟通，及时汇报项目的进展状况，成本、时间等资源的花费，项目实施可能的结果，以及对将来可能发生的问题的预测，保证项目目标的实现，最终实现委托人的意愿。

2. 保证项目利益相关者满意

如果项目在原定目标、时间进度、预算以及其他各方面都满足了项目的原定要求，但项目其他各方不满意，那么，就不能说这个项目完全成功。项目经理应当在项目进行过程中指导项目班子同委托人、客户或其他各方保持密切联系，了解他们对项目的要求和期望变化的情况，协调他们之间的利益。在协调这些利益关系的同时，项目经理应该明确知道，自己在考虑委托人的利益的同时还应兼顾其他利益相关者，需要通过自己的工作，努力促进和增加项目的总体利益，从而使所有项目利益相关者都能够从项目中获得更大的利益，保证项目利益相关者满意。

3. 计划和组织项目工作

项目经理的计划职责主要是明确项目目标，界定项目的任务和编制项目的各种计划。同时，项目经理的组织职责主要是努力为项目的实施获得足够的人力资源、物力资源和财力资源，并组织建设好项目团队，合理地分配项目任务、积极地向下授权，及时解决各种矛盾和争端，开展对于全团队成员的培训等。

4. 指导和控制项目工作

项目经理在指导工作时，应充分运用自己的职权和个人权力去影响他人，给项目班子成员留有余地，准备适当的后备措施，为实现项目的目标而服务。当项目实施组织的领导或职能部门人员、客户、委托人或其他方面企图直接干预项目班子的工作时，项目经理应该虚心听取他们的意见和建议，但不能让他们直接指导和指挥项目班子成员。同时，项目经理应全面对项目进行监控，集成控制项目的工期进度、项目成本和工作质量，通过制定标准、评价实际、找出差距和采取纠偏措施等工作使项目的全过程处于受控状态。

（二）项目经理的基本业务素质

项目经理业务素质是各种能力的综合体现，包括核心能力、必要能力和增效能力三个层次。其中，核心能力是创新能力，必要能力包括决策能力、组织能力和指挥能力，增效能力包括控制能力和协调能力。这些能力是项目经理有效地行使职责，充分发挥领导作用所应具备的主观条件。

1. 创新能力

由于项目的一次性特点，使项目不可能有完全相同的经验可以参照，再加上激烈的市场竞争，因此项目经理必须具备一定的创新能力。创新能力要求项目经理敢于突破传统的束缚。传统的束缚主要表现在社会障碍、思想方法障碍和习惯的障碍等方面，如果项目经理完全被已有的框框束缚住，那么真正的创新是不可能的。

2. 决策能力

决策能力是指项目经理根据外部经营条件和内部经营实力，构建多种建设管理方案并选择合理方案，确定建设方向的能力。项目经理的决策能力是项目组织生命机制旺盛的重要因素，也是检验其领导水平的一个重要标志。

3. 组织能力

组织能力是指项目经理为了实现项目目标，运用组织理论指导项目建设活动，有效地、合理地组织各个要素的能力。组织能力主要包括：组织分析能力、组织设计能力和组织变革能力。组织分析能力是指项目经理依据组织理论和原则，对项目现有组织的效能、利弊进行正确分析和评价的能力；组织设计能力是指项目经理从项目管理的实际出发，对项目管理组织机构进行基本框架设计，以提高组织管理效能的能力；组织变革能力是指项目经理执行组织变革方案的能力和评价组织变革方案实施成效的能力。

4. 指挥能力

项目经理的指挥能力体现在正确下达命令的能力和正确指导下级的能力两个方面。坚持下达命令的单一性和指导的多样性的统一，是项目经理指挥能力的基本内容，而要使项目经理的指挥能力有效地发挥，还必须制定一系列有关的规章制度，做到赏罚分明，令行禁止。

5. 控制能力

项目经理的控制能力体现在自我控制能力、差异发现能力和目标设定能力等方面。自我控制能力是指项目经理通过检查自己的工作,进行自我调整的能力;差异发现能力是对执行结果与预期目标之间产生的差异能及时测定和评议的能力;目标设定能力是指项目经理应善于制定量化的工作目标和与实际结果进行比较的能力。

6. 协调能力

协调能力是指项目经理能正确处理项目内外各方面关系,解决各方面矛盾的能力。一方面要有较强的能力协调团队中各部门、各成员的关系,全面实施目标;另一方面能够协调项目与社会各方面的关系,尽可能地为项目的运行创造有利的外部环境,减少或避免各种不利因素对项目的影响,争取项目得到最大范围的支持。现代大型工程项目的管理,除了需要依靠科学的管理方法、严密的管理制度之外,很大程度上要靠项目经理的协调能力。协调主要是协调人与人之间的关系。协调能力具体表现在:解决矛盾的能力、沟通的能力、鼓动和说服的能力。

(三)现代项目经理的管理技巧

1. 队伍建设技巧

建设一支能战斗的项目队伍是项目经理的基本功之一。队伍建设涉及各种管理技巧,但主要的应能创造一种有利于协作的气氛,把参加项目的所有人员统筹安排到项目系统中去。因此,项目经理必须培养一种具有以下特征的工作风气:队伍成员专业致力于项目工作;人与人之间良好的关系和协作精神;必要的专长和资源条件;有明确的项目目标和要求;个人之间和小组之间矛盾的有害程度小。

2. 解决矛盾的技巧

首先,了解组织和行为因素之间的相互关系,以便建立有利于发挥队伍热情的环境,这将会加强积极合作和将有害于工作的矛盾减少到最低限度。其次,为了实现项目的目标和决议,应与各级组织进行有效的联络沟通。定期安排情况审查会议可作为一种重要的联系方法。最后,找出矛盾的决定因素及其在项目周期内发生的时间,制订有效的项目计划及应急措施,取得高级管理阶层的保障和参与，这一切有助于在矛盾成为阻碍项目作业的因素之前避免或最大限度地减少许多矛盾。

矛盾产生的价值取决于项目经理促进有益争论，同时又将其潜在的危险后果减少到最低限度的能力。有才能的经理需要具有"第六种感官"来指明何时需要矛盾，哪种矛盾是有益的，以及在给定情况下有多少矛盾是最适宜的。总之，他不但要对项目本身负责，而且还要对所产生矛盾使项目成功或失败负完全责任。

3. 取得管理阶层支持的技巧

项目经理周围有许多组织，他们或支持，或控制，或制约项目活动。了解这些关系对于项目经理是很重要的，因为它可以提高他们与高级管理阶层建立良好关系的能力。项目组织是与许多具有不同爱好和办事方法的人员共同分交权力的系统，这些权力系统有一种均衡的趋势。只有获得高级管理阶层支持的强有力的领导才能避免发生不良的倾向。

4. 资源分配技巧

总项目组织一般有很多经理，因此，在资源分配方面需要根据任务目标，搞好平衡和分配。有效而详尽的总项目计划可能有助于完成所承担的任务和自我控制；部分计划是为资源分配奠定基础的工作说明；要在完成的任务和有关预算和进度方面与所有关键的人物达成协议十分重要。理想的做法应当是：在项目形成的早期，如投资阶段，通过关键人物的参与应该得到规划、进度和预算方面的保障。这正是仍然可以变动并能对作业、进度和预算参数进行平衡调整的时候。

三、项目团队

（一）定义

项目团队包括被指派为项目可交付成果和项目目标而工作的全职或兼职的人员，他们负责的内容为：如果需要，对被指派的活动进行更详细的计划；在预算、时间限制和质量标准范围内完成被指派的工作；让项目经理知悉问题、范围变更和有关风险和质量的担心；主动交流项目状态，主动管理预期事件。项目团队可以由一个或多个职能部门或组织组成。一个跨部门的团队由来自多个部门或组织的成员，并通常涉及组织结构的矩阵管理。

（二）特点

项目团队的特点：项目团队具有一定的目的，项目团队的使命就是完成某项特定的任务，实现项目的既定目标，满足客户的需求。此外项目利益相关者的需求具有多样性的特征，因此项目团队的目标也具有多元性；项目团队是临时组织，项目团队有明确的生命周期，随着项目的产生而产生，随着项目任务的完成而结束，它是一种临时性的组织；项目经理是项目团队的领导；项目团队强调合作精神；项目团队成员的增减具有灵活性；项目团队建设是项目成功的组织保障。

第三节 工程项目管理模式

工程项目管理模式无论是在国内还是国外，都经历了漫长的发展过程，在工程实践经验积累的基础上，逐渐形成了多种管理模式并存的局面。根据工程及业主的需要，选择合适的工程项目管理模式，势必会对工程的建设起到事半功倍的作用。

一、传统项目管理模式

（一）设计－招标－建造模式

设计－招标－建造（Design-Bid-Build，以下简称 DBB 模式），这种模式首先由业主先委托建造咨询师进行项目前期的评估、设计和规划，待相关工作完成之后，再根据项目的性质，通过招标工作选择相应的工程承包商。在 DBB模式中存在三方主体：工程业主方、设计方以及工程承包商三方，业主分别与设计方、工程承包方签订合同。这种模式是国际上比较通用的模式。

DBB 模式的优点： 首先业主选择咨询工程师对项目进行前期的评估会侧重于选择质量过硬的设计咨询机构，选择的相对的设计咨询机构管理会比较成熟，这就使得项目前期的评估的准确度更精确；业主选择的设计方和施工方是相互独立的，这样就使得这两方可以相互监督，确保项目的质量；业主采用招标的方式来选择施工承包方，节约成本费用。

DBB 模式的缺点：项目的实施必须分阶段进行，这样就使施工的建设周期加长；业主选择咨询管理机构，项目前期费用增多，加大了管理的费用；由于项目前期的咨询工程机构与进行施工的承包商相互独立，可能导致设计方案实施的困难性，设计修改频繁，两方协调困难，出现事故之后责任划分不明确，索赔事项增多。

（二）设计 – 建造模式

设计–建造模式（DB 模式）在国际上也被称交钥匙模式、一揽子工程（Package Deal），在中国称为设计 – 施工总承包模式。具体而言，DB 模式是指在项目的初始阶段，业主邀请几家有资格的承包商，根据项目确定的原则，各承包商提出初步设计和成本概算，中标承包商将负责项目的设计和施工的一种模式。

DB 模式的具有明显优缺点，具体而言，DB 模式主要有如下 5 个方面的优势：业主和承包商密切合作。从项目开始规划直至项目规划验收完成，业主和承包商的有效合作可以明显减少了协调的时间和费用；在参与初期，承包商将其掌握的丰富的从业知识和经验（如材料、施工方法、结构、价格和市场等）设计中；有利于控制成本，降低造价。国外经验证明，实行 DB 模式，平均可降低造价 10% 左右；有利于进度控制，缩短工期；风险责任单一。

DB 模式是一种较成熟的建设工程项目管理模式，但其缺点同样突出，总结起来主要有如下五点：一是业主对最终设计和细节控制能力较低。研究成果显示，DB 模式是业主对设计最缺乏控制能力的模式。二是承包商的作用被放大，尤其是承包商的设计方案对工程经济性具有极大影响，在 DB 模式下承包商须承担更大的风险。三是建筑质量的控制主要取决于业主在招标时对建筑功能描述是否完善，且总承包商的水平对设计质量有较大影响。四是出现时间较短，缺乏特定的法律、法规约束，没有专门的险种予以保护。五是交付方式操作复杂，竞争性较小。

（三）建筑工程管理模式

建设管理（Construction Management 模式，以下简称 CM 模式），这种模式一般采用快速路径法，在项目的初始阶段业主就聘请有较多施工经验的建设公司参与进来，与项目的设计人员一起加入建筑工程的计划设计过程中，设计方与施工方可以进行直接的沟通，施工方可以对项目设计方提出一些建议，以符合日后施工的要求，在设计结束之后，建设公司负责建筑项目的施工管理。CM模式将建筑工程项目划分为若干个建设阶段，分别对每个阶段实行设计 – 招标 – 施工，即"边设计、边施工"。根据所承担风险的不同，CM模式又可以分为两种模式：代理型CM模式和风险型CM模式。

CM模式的优点：第一，工程项目建设的时间短。在CM模式下，设计和施工之间不存在明确的界限，先设计再施工的线性传统模式被打破，将其取代的是非线性的阶段性的施工方法，即将工程项目划分成若干个阶段，每个阶段都可以分别进行设计工作、施工工作，两者在时间上交错进行，从而加快了建筑工程项目的建设速度以及加快了施工进度。第二，建设管理单位早期的介入使得设计变更变少，提高了工程项目设计的质量，大大改善了实际和施工相分离的状况。在项目早期，业主就确定了建设管理单位、承包单位等，由他们一起完成项目的各项管理工作，使得两者有更强的联系性，良好的协调性，项目设计修改变少，协调关系加强。

CM模式的缺点：第一，对建设管理单位有比较高的要求。在这种模式下，选择建设管理单位就是帮助业主提供准确、合理的咨询，为业主提供相应的管理服务，因此，建设管理单位要求有较好的信誉以及高专业素质的人才。第二，选择CM的合同模式一般都是"成本 + 利润"的模式，但是这种合同模式在我国较少用到，对于这种合同模式的使用还比较少，比较欠缺。

（四）建造 – 运营 – 移交模式

建造 – 运营 – 移交模式，以下简称BOT模式，是指一国财团或投资人充当该项目的发起人，通过某个国家的相关政府行政部门获得某项目基础设施的建设特许权，再独立式地联合其他方组建项目公司，负责完成项目的融资、设计、建造和经营的过程。在整个特许期内，项目公司通过项目的经营获得利润，再使用该利润偿还债务。在特许期满之时，整个项目再由项目公司通过无偿或以极少的名义价格等方式移交给东道国政府。

BOT模式其他主要优点总结如下：一是可以有效降低政府主权借债和还本付息的责任；二是将公营机构的风险转移给私营承包商承担，从而避免公营机构承担项目的全部风险；三是能够有效吸引国外投资方的注意，利用 BOT 模式可以有效利用国外投资方来支持国内相关的基础设施建设，从而有力解决大部分发展中国家缺乏资金难以展开相关基础设施建设的瓶颈问题；四是从学习国际先进技术和管理经验角度来说，这种项目通常都由国外有资质的公司或投资方来进行承包，这样对项目所在国而言就带来先进的技术和管理经验。这样既给本国的承包商带来较多的发展机会，也促进了国际经济的融合，促进了本国相关公司对先进技术、经验的学习和使用过程。

BOT 模式也存在如下缺陷：一是在特许权期限内，本国政府失去对项目所有权和经营权的控制，难以有效参与工程项目的管理建设当中；二是项目的参与方多，结构复杂，项目前期过长且融资成本高；三是从税收角度而言，有可能导致大量的税收流失；四是可能造成设施的掠夺性经营；五是在项目竣工完成后，会导致大量的外汇流出；六是风险分摊不对称等，政府采用 BOT 模式尽管成功转移了建设、融资等相关风险，却承担了更多的其他责任与风险，如利率、汇率风险等。

二、现代项目管理模式

（一）EPC（设计 – 采购 – 施工总承包）模式

EPC 即 Engineering Procurement Construction，即设计 – 采购 – 施工，是指投资方或业主选择且仅选择一个主要项目承包商，由其直接负责整个项目的设计、采购、施工等，最终根据合同要求，完成整个项目并交付投资方或业主使用。EPC 模式一般适用于工程规模较大，工期较长、技术较复杂的项目。EPC 模式的重要特点之一就是需要充分发挥市场机制作用，业主或投资方对 EPC 承包商提出的主要要求相对简单，例如工程预期结果、工程预期、使用施工技术等一些基本要求。这样是给予 EPC 承包商的最大自主管理模式，能发挥承包商的主观能动性，承包商会在有限的资源内与业主投资方和其他分包商共同寻找最经济和最有效的工程实施方法。

EPC 模式优点：首先，从投资方业主的角度来考虑 EPC 管理模式的优点，可以有效避免由于业主或投资方在项目管理方面的经验和知识不足的困境，可以将未知的风险转嫁于 EPC 承包商。业主或投资方可间接参与项目管理，为

EPC 管理承包商提供有利建议。其次，从 EPC 总承包商的角度来考虑，可以最大程度上给予承包商的发挥空间，从设计、采购到施工等环节都能体现自身公司实施优势。虽然 EPC 模式下的风险较大，且主要承担者为企业本身，但如果控制管理得当，能最大地实现盈利，将风险转化为利润。

EPC 模式的缺点：EPC 模式的使用需要有能力的总承包商来实行，目前国内有全面的、高质量的总承包队伍还很少；整个项目的质量控制、工期控制以及成本控制都由总承包商来管理，风险都需要由总承包商来承担；承包商对整个项目实习控制管理，业主对项目的控制较少，对承包商的监督力量很弱；在 EPC 模式下，出于对各个方面的考虑，承包商给出的项目估价要高于传统模式下的估价，过高的估计会使得整个项目可行性降低。

（二）PMC（项目管理承包）模式

项目管理承包模式一般是指业主聘请有着优秀的技术、管理、人才的项目管理承包商作为业主的延伸，代表业主对工程项目进行管理。在工程项目的不同阶段，项目管理承包商的工作内容也不同：在项目的定义阶段，项目管理承包商主要负责项目的前期策划，帮助业主对项目做可行性研究。随后帮助业主进行项目的融资活动，减少项目的风险。再之后便是负责项目的基础性设计，编制专业的技术设计方案，确定设计、采购、施工等等方面的承包商；在项目的执行阶段，项目管理承包商作为业主的代表，对各承包商进行监督管理，并将情况及时反映给业主，其管理的内容包括了项目设计单位、设备材料供应商、工程采购商以及施工总承包商，并对工程项目的进度、成本以及质量负责。在这种模式下，项目管理承包商是项目业主的延伸，项目管理承包商和业主从项目的定义阶段开始到实习阶段再到最后的投产都有着相同的目标和一致的利益方向。

PMC 模式的优点：在 PMC 模式中，项目管理承包商都具备专业化的、全过程管理的能力，对于整个项目的管理水平有着很好的提高作用；在项目的初期阶段，项目管理承包商可以和业主一起，帮助业主完成融资活动，使融资工作可以顺利进行，减少风险；使用 PMC 模式时，合同模式基本都是使用了成本加薪酬的模式，在这种模式下，对各方都有了一定的约束和激励，有助于降低成本；有了项目管理承包商，业主可以减少工程建设期的组织管理机构。

PMC 模式的缺点：业主的参与程度降低，监管有限；采用 PMC 模式的项目基本都是规模比较大的、比较复杂的项目，因此就需要找一个高资质、高水平的项目管理承包商，但是高质量的项目管理承包商还是比较少，很难找到合适的管理承包商。

（三）IPMT（一体化项目管理团队）模式

IPMT 即 Integrated Project Management Team，指"一体化项目管理团队"。一体化项目管理是指业主方与工程项目管理咨询方按照一定约定的合作方式，共同构建一个项目管理部门，将原本不同的工程项目参与方的人员通过合理的分配，组成一套全新的工作班底。具体工作内容受到投资方预期的管理目标约束。其中"一体化"包含如下多方面因素。

第一，组织和人员安排配置一体化。将不同参与主体的工作人员按照各自工作知识、经验、技能进行合理评估，通过分析得到重新分配，使得每个员工的作用发挥最大。第二，项目程序体系一体化。在项目程序设计阶段，合理规划各个参与主体的自身管理程序，从中探寻一套和谐的管理程序体系，使得每个主体适应全新组织运行模式。第三，工程建设环节与管理目标一体化。通过了解每个参与主体的管理目标，将其进行合理的整合，设计一套统一的项目管理目标，并在工程建设的每个环节中得到体现。

一体化项目管理目标是规范大型工程项目的总体管理系统和程序，促进设计的标准化、资源配置优化、管理组织的整体性，以实现四大管理目标。从业主角度来分析该模式的优点，有以下七点。

第一，业主与项目管理公司利用自己专业优势，通过合理的优势与特长互补，来使得资源利用最大化；第二，由于项目组织结构整合为一体，IPMT 使得业主能更有效的管理公司，简化管理过程，信息沟通更为方便，工作效率得到提高；第三，业主在自己原有专业的基础上，学习项目管理承包公司的工作经验，以提高今后项目的管理素质；第四，业主能够合理安排自己工作任务，由于目标统一，业主可将自己原有的大部分项目管理工作内容转交给管理承包商，使得自身可将精力放在专业技术管理、资金筹措等核心业务上；第五，充分利用项目管理承包公司的经验，业主可对整个项目的各个方面进行最优管理；第六，业主通过直接使用项目管理承包公司的管理工具，使得业主自身参与人员能更快速地了解项目管理承包公司管理体系知识，为今后类似工程，提供管理经验；

第七，一般而言，业主方的专业管理人员数量有限，一体化项目管理模式能使得业主投入少量人员参与大量的项目管理控制，更多地掌握项目。

IPTM 模式的缺点：一旦项目出现了差错，根据合同很难界定是业主或是项目管理承包商的责任；由于需要两方的相互合作，不同的思想观念，不同的体系建设都很可能导致分歧的产生，这时就应该要加强两方之间的交流，统一思想，增强合作观念，尽量减少不必要的冲突。

（四）Partnering 模式

Partnering 模式的定义：在两个或两个以上的组织之间为了获取特定的商业利益，最大化地利用各组织的资源而做出的一种长期承诺。这一承诺要求使传统组织间孤立的关系转变成一种不受组织边界约束，能够共享组织资源、利益的融洽关系。这种关系建立在信任、追求共同目标和理解各组织的期望和价值观的基础之上。期望获取的利益包括提高工作效率、降低成本、增加创新机遇和不断提高产品和服务的质量。

Partnering 模式通过建立项目的共同目标，使得项目的参与各方必须以项目整体利益为目标，从而弱化了项目参与各方的利益冲突。Partnering 模式主要有如下优点：能够有效优化项目的总目标；通过联盟关系的建立达到减少资源的重复消耗的目的；Partnering 模式实现信息共享，通过充分合理地沟通能够提出解决问题的良好建议，从而减少相互之间的争端，提高工作效率；Partnering 模式能够明显缩短施工周期，提高工程建设的质量，降低成本，提高各方的利润，达成双赢或多赢的局面。

Partnering 模式的组织形式决定了其具有如下缺点：第一，Partnering 模式要求组织成员之间能够冲锋彼此信任，但 Partnering 模式并没有提供其他利益或资产保障，仅仅依靠信任极有可能会导致伙伴掉队或团队风险；第二，Partnering 模式是采用战略的眼光看待问题，其注重的是如何建立一种长期的合作关系。但在现实生活中，如果团体之间拥有长期固定合作，会导致各个团体会失去活力和丧失创新精神；第三，实施 Partnering 模式的过程中需要投入的间接成本较多，如研讨会成本、会议地点租借费、交通费等；第四，在采用 Partnering 模式进行相关的合作过程中，如果不能采用合适的安全防护措施，则存在很容易发生丧失企业机密的风险；第五，Partnering 协议也不是法律意义上的合同。

三、工程管理模式的选择因素

第一，工程业主的自身能力。对于工程业主来说，想要出色地完成工程项目，要考虑的自身能力有很多方面。比如：自身对工程项目整体的管理能力、自身具备的工程技术、自身有充足的工程经验等等工程业主是整个工程项目的投资者，也是工程施工过程和完工之后的管理者，业主自身的能力直接决定了整个项目工程要选择的工程管理模式。

第二，工程项目的实际情况。建筑工程的实际情况也在很大程度上决定着工程项目的管理模式。工程项目的实际情况指的就是工程的具体规模、工程对施工技术支持的需求、施工过程中可能碰到的各种各样不确定情况等等。整个工程项目的规模大小与工程需要的技术支持、要承担的施工风险是成正比的，而整个工程项目从设计到开始施工和最后完成，有可能会遇到很多的不确定情况，这些都有可能给工程顺利地进行带来很大隐患。所以，工程项目的实际情况也会被考虑进管理模式的选择中。

第三，对工程的具体要求。一个工程项目的质量、成本、进度等等这些方面需要进行严格控制，对每个方面的把控都会影响到整个工程最后的完成情况。根据业主对具体工程项目需求的不同，项目都会出现具体的侧重方向，有的要求把工程质量作为重点，相对的工程进度和成本就一定会更多，而有的要求加快工程的完工速度，所以在工程质量上可能就要差一些。

第四，外部影响因素。对建筑工程项目来讲，除了一些自身的因素之外，还要受到很多外界因素的影响，比如：法律对合同条款的要求、环境测评过关与否、政府发布的政策文件等等，都会对工程项目的实施产生影响。

第四节　工程项目沟通管理

由于工程项目的建设涉及的单位众多，协调好各方之间的关系，保护各方的利益，最好的方式就是进行沟通。工程项目沟通管理在项目建设过程中发挥着至关重要的作用，是工程顺利建设的根本保障。

一、沟通管理概述

（一）内涵

沟通就是信息的交流，工程项目沟通管理是指对工程项目实施过程中各种不同方式和不同内容的沟通活动进行全面管理。这一管理的目标是保证有关项目的信息能够适时地以合理的方式产生、收集、处理、贮存和交流。项目沟通管理是对项目信息和信息传递的内容、方法和过程的全面管理，也是对人们交换思想和交流感情（与项目工作有关的）活动与过程的全面管理。项目管理人员都必须学会使用"项目语言"去发送和接收信息，去管理和规范项目的沟通活动和沟通过程。因为成功的项目管理离不开有效的沟通和信息管理，对项目过程中的口头、书面和其他形式的沟通进行全面管理是项目管理中一项非常重要的工作。

（一）沟通管理的类型

沟通管理按照信息流向的不同，可分为下向沟通、上向沟通、平行沟通、外向沟通、单向沟通、双向沟通；按沟通的方法不同，可分为正式沟通、非正式沟通、书面沟通、口头沟通、言语沟通、体语沟通；按沟通渠道的不同可分为链式沟通、轮式沟通、环式沟通、Y式沟通、全通道式沟通。

（三）沟通的作用

项目经理最重要的工作之一就是沟通，通常花在这方面的时间应该占到全部工作的75%以上。沟通在工程项目管理中的作用如下。

第一，激励。良好的组织沟通，可以起到振奋员工士气、提高工作效率的作用。第二，创新。在有效的沟通中，沟通者互相讨论，启发共同思考、探索，往往能迸发创新的火花。第三，交流。沟通的一个重要职能就是交流信息，例如，在一个具体的建筑项目中，业主、设计方、施工方、监理方要通过定期经常的例会，以便各部门达成共识，更好地推进项目的进展。第四，联系。项目主管可通过信息沟通了解业主的需要、设备方的供应能力及其他外部环境信息。第五，信息分发。在信息社会中，获得信息的能力和对信息占有的数量及质量对于规避风险、管好项目是不可替代的。有不少项目缺乏效率甚至失败，就是因为没有很好地管理项目的信息资源。所谓信息分发，就是把有效信息及时准确地分发给项目的利益相关者。

二、工程项目利益相关方之间的沟通

（一）与建设单位的沟通

建设单位是工程项目的所有者，行使项目的最高权力，而项目管理机构是为建设单位提供管理服务，必须服从建设单位的决策、指令。工程项目要取得成功，必须获得建设单位的满意，做好项目管理机构与建设单位之间的沟通工作。

首先，建设单位和项目管理单位之间是一种委托关系，做好双方的沟通，关键是要加强双方的理解。许多项目经理不希望建设单位过多地介入项目，事实上，建设单位不介入项目是不可能的。建设单位通常是其他专业或领域的人，可能对工程项目懂得很少，这是事实，但这并不完全是建设单位的责任，很大一部分是项目经理的责任。解决这个问题比较好的办法是，项目经理首先要对项目的总目标和建设单位的意图有一个准确的理解，要反复阅读合同或项目任务文件，让建设单位参与到项目的全过程中来。一方面要执行建设单位的指令，使建设单位满意，采取换位思考的方式思考问题，即站在建设单位的立场上考虑建设单位的需求，明确建设单位到底需要什么样的服务，从而减少与建设单位之间的冲突问题；另一方面，要向建设单位解释说明项目和项目过程，使其学会项目管理方法，减少其非程序干预和越级指挥。

其次，尊重建设单位，随时向建设单位报告情况。在建设单位进行决策时，应向其提供充分的信息，让其了解项目的全貌、项目实施状况、方案的利弊得失及对目标的影响。

最后，建设单位在委托项目管理任务后，应将项目前期策划和决策的全过程向项目经理作全面的说明和解释，并提供详细的资料。

（二）与参建单位的沟通

参建单位主要是指设计单位、监理单位、施工承包单位、材料供应单位，他们与项目管理单位没有直接的合同关系，但必须接受项目管理机构项目经理的领导、组织、协调和监督。

第一，应让各参建单位理解项目的总目标、阶段目标及各自的目标、项目的实施方案，各自的工作任务及职责等，应向他们解释清楚，作详细说明，增加项目的透明度。这不仅应体现在技术交底中，而且应贯穿在整个项目实施过程中。第二，指导和培训各参建单位适应项目工作，向他们解释项目管理程序、沟通渠道与方法，指导他们并与他们一同商量如何工作，如何把事情做得更好。第三，建设单位将具体的项目管理任务委托给项目经理，赋予其很大的处置权力。但项目经理在观念上应该认为自己是提供管理服务，不能随便对参建单位动用处罚权（例如合同处罚），或经常以处罚相威胁（当然有时不得已必须动用处罚权）。应经常强调自己是在提供服务和帮助，强调各方面利益的一致性和项目的总目标。第四，为了减少对抗，消除争执，取得更好的激励效果，项目经理应主动并鼓励参建单位将项目实施状况的信息、实施结果、遇到的困难、心中的不平和意见与其进行交流和沟通。总之，各方面了解得越多、越深刻，项目中的争执就越少。

（三）项目管理机构内部沟通

在项目管理机构内部沟通中，项目经理起着核心作用，如何协调各职能工作，激励项目管理机构成员，是项目经理的重要课题。通过项目管理机构内部沟通，使每个项目管理成员了解与各自岗位工作有关的信息，相互合作和支持，发扬团队协作精神，激发每个成员的积极性，共同努力做好项目管理工作。

项目经理应加强与技术人员的沟通，积极引导和发挥技术人员的作用，同时注重方案实施的可行性和专业之间的协调，建立完善的项目管理系统，明确划分各自的工作职责，设计比较完善的管理工作流程，明确规定项目的正式沟通方式、渠道和时间，使大家按程序、按规则办事。由于工程项目的特点，项目经理更应注意从心理学、行为科学的角度激励各个成员的积极性，尽量采用民主的工作作风，不要独断专行，要关心各个成员，建立和谐的工作气氛，礼貌待人，多倾听他们的意见、建议，公开、公平、公正地处理事务。例如：合理地分配资源；公平地进行奖励；客观、公正地接受反馈意见；对上层的指令、决策应清楚、快速地通知项目成员和相关职能部门；应该经常召开会议，让大家了解项目的情况、遇到的问题或危机，鼓励大家同舟共济。此外，由于项目组织是一次性、暂时的，项目管理机构的沟通一般会经历三个阶段：第一阶段是项目开始后组建项目管理机构，大家从各部门、各单位来，彼此生疏，对项目管理系统的运作不熟悉，所以沟通障碍很大，难免有组织摩擦，成员之间有一个互相适应的过程；第二阶段是随着项目的进展，大家互相适应，管理效率逐渐提高，各项工作比较顺利，这时整个项目的工作进度也最快；第三阶段是项目结束前，由于项目管理机构成员要寻找新的工作岗位，或已参与其他项目工作，会有不安、不稳定情绪，对收尾的工作失掉兴趣，对项目失去激情，工作效率低下。

（四）项目经理与职能部门的沟通

项目经理与职能部门经理之间的沟通是十分重要和复杂的，特别在矩阵式组织中，职能部门必须对项目提供持续的资源和管理工作支持，他们之间有高度的相互依存性。在项目经理与职能部门经理之间自然会产生矛盾，在组织设置中他们之间的权力和利益平衡存在着许多内在的矛盾。项目的每个决策和行动都必须跨过此界面来协调，而项目的许多目标与职能管理差别很大。

项目经理本身能完成的工作很少，他必须依靠各职能部门经理的合作和支持，所以在此界面上的协调是项目成功的关键。项目经理必须与职能部门经理建立良好的工作关系，当与职能部门经理出现不协调时，尽量不要将矛盾提交企业的高层领导处解决。有的项目经理可能被迫到企业最高领导处寻求解决，将矛盾上交，但这样常常会激化他们之间的矛盾，使以后的工作更难协调。同时，项目经理与职能部门经理之间应建立一个清楚、便捷的信息沟通渠道，不能相互发号施令。职能部门经理变成项目经理的任务接受者，他的作用和任务是由项目经理来规定和评价的，同时他还对职能部门的全面业务和他的正式上级负责。所以职能经理感到项目经理潜在的"侵权"或"扩张"动机，感到他们固有的价值被忽视了，自主地位被降级，不愿意对实施活动承担责任。

三、工程项目中的沟通障碍与管理措施

（一）工程项目沟通障碍

沟通障碍导致信息没有到达目的地，或使另一方产生误解，是导致项目失败的重要原因。如果要想最大程度保障沟通顺畅，就要当信息在媒介中传播时尽力避免各种干扰，使得信息在传递中保持原始状态。信息发送出去并接收到之后，双方必须对理解情况做检查和反馈，确保沟通的正确性。

1. 沟通障碍的类型

沟通障碍产生于个人的认知、语义的表达、个性、态度、情感和偏见以及组织结构的影响和过大的信息量等方面。认知障碍的产生是由于对于同一条信息，不同的人有不同角度的理解，影响认知的因素包括个人受教育的程度和过去的经历；语义表达障碍的产生是由于人与人之间的信息沟通主要是借助于语言进行的，而语言只是交流思想的工具，是表达思想的符号系统，并不是思想本身；在信息沟通中有很多障碍是由心理因素引起的，如个人的态度、情感和对某些信息的偏见等，都可能引起沟通障碍；由于人们有不同的好恶，因此人们的兴趣爱好也就不尽相同，具有较大的差别。人们容易对感兴趣的问题听得仔细，对不熟悉、枯燥的、不感兴趣的问题就听不进去，从而形成沟通障碍；信息并非越多越好，信息过量反而会成为沟通的障碍因素。信息在传递过程中，渠道的选择和信息符号不匹配，会导致信息无法有效传递或传递失误；沟通环境的障碍主要包括社会环境、组织结构方面和组织文化方面的障碍。社会环境是影响沟通的大环境，组织应当采取合理的组织结构以适应社会环境，利于信息沟通。如果组织结构过于庞大，中间层次太多太杂，那么不仅容易使信息传递失真、遗漏，而且还会浪费时间，影响信息传递的及时性和信息沟通的有效性，最终影响工作效率。

2. 越过沟通的障碍的方法

一是系统思考，充分准备，在进行沟通之前，信息发送者必须对其要传递的信息有详尽的准备，并据此选择适宜的沟通通道、场所等。二是沟通要因人制宜，信息发送者必须充分考虑接收者的心理特征、知识背景等状况，以此调整自己的谈话方式。三是充分运用反馈，许多沟通问题是由于接收者未能准确把握发送者的意思而造成的，如果沟通双方在沟通中积极使用反馈这一手段，就会减少这类问题的发生。四是积极倾听，积极倾听要求你能站在说话者的立场上，运用对方的思维架构去了解信息。五是调整心态，情绪对沟通的过程有着巨大影响，过于兴奋、失望等情绪一方面易造成对信息的误解，另一方面也易造成过激的反应。六是注意非言语信息，非言语信息往往比言语信息更能打动人。因此，如果你是发送者，必须确保你发出的非语言信息能强化语言的作用，体语沟通非常重要。七是组织沟通检查，组织沟通检查是指检查沟通政策、沟通网络以及沟通活动的一种方法。这一方法把组织沟通看成实现组织目标的一种手段，而不是为沟通而沟通。

（二）工程项目沟通管理措施

第一，提高发送者语言沟通技巧和能力。信息发送者要表达自己的想法，可以结合手势和表情动作等非语言形式来交流，以增强沟通的生动性，使对方容易接受。使用语言文字时要简洁、明确，措辞得当，进行非专业沟通时，少用专业术语。此外，发送者要言行一致，创造一个相互信任、有利于沟通的小环境，有助于相互之间真实地传递信息和正确地判断信息，避免因偏激而歪曲信息。第二，注重信息传递的及时性、准确性。注重正式沟通方式和非正式沟通方式的结合运用，书面沟通与口头沟通相结合。此外，应尽量减少组织机构的重叠，拓宽信息沟通的渠道。第三，坚持目标统一的原则。首先，项目参建各方要明确沟通的目的，应就总目标达成一致，在项目的设计、合同、组织管理等文件中贯彻总目标；其次，项目组织在项目的全过程中要顾及各方面的利益，使项目参建各方满意。另外，为达到统一的目标，工程项目的实施过程必须有统一的指挥、统一的方针和政策。第四，设置合理的组织机构，营造和谐气氛。一个项目可以选择一种或多种高效率、低成本的组织模式，以使各方面能够有效沟通。同时项目组织要坚持以人为本，注重人性化管理，项目组织的成员应注重自身修养，提高自身素质，营造项目组织的和谐气氛。第五，建立沟通反馈机制。在项目组织中重视双向沟通，双向沟通伴随反馈过程，使发送者及时了解信息在实际中如何被理解，接收者是否真正了解，是否愿意遵循，是否采取了相应的行动等。

第五章　土木工程项目进度管理

第一节　土木工程项目进度管理概述

工程项目进度管理是工程项目建设中与工程项目质量管理、工程项目费用管理并列的三大管理目标之一。工程项目进度管理是保证工程项目按期完成，合理配置资源，确保工程项目施工质量、施工安全、节约投资、降低成本的重要措施，是体现工程项目管理水平的重要标志。

一、进度与工期

工程项目进度指工程项目实施结果的进展情况，工程项目实施过程中要消耗时间、劳动力、材料、费用等资源才能完成任务。通常工程项目的实施结果以项目任务的完成情况（工程的数量）来表达，但由于工程项目技术系统的复杂性，有时很难选定一个恰当的、统一的指标来全面反映工程的进度，工程实物进度与工程工期及费用不相吻合。在此意义上，人们赋予进度综合的含义，将工期与工程实物、费用、资源消耗等统一起来，全面反映项目的实施状况。可以看出，工期和进度是两个既互相联系，又有区别的概念。

工期常作为进度的一个指标（进度指标还可以通过工程活动的结果状态数量、已完成工程的价值量、资源消耗指标等描述），项目进度控制是目的，工期控制是实现进度控制的一个手段。进度控制首先表现为工期控制，有效的工期控制才能达到有效的进度控制；进度的拖延最终一定会表现为工期的拖延；对进度的调整常表现为对工期的调整，为加快进度，改变施工次序，增加资源投入，完成实际进度与计划进度在时间上的吻合，同时保持一定时间内工程实物与资源消耗量的一致性。

二、项目工期影响因素

在工程项目的施工阶段，施工工期的影响因素一般取决于其内部的技术因素和外部的社会因素。工期影响因素如表5-1所示。

表5-1 项目工期影响因素

影响因素	影响内容
工程内部因素（技术因素）	工程性质、规模、高度、结构类型、复杂程度 地基基础条件和处理的要求 建筑装修装饰的要求 建筑设备系统配套的复杂程度
工程外部因素（社会因素）	社会生产力，尤其是建筑业生产力发展的水平 建筑市场的发育程度 气象条件以及其他不可抗力的影响 工程投资者和管理者主观追求和决策意图 施工计划和进度管理

三、进度与费用、质量目标的关系

根据工程项目管理的基本概念和属性，工程项目管理的基本目标是在有效利用、合理配置有限资源，确保工程项目质量的前提下，用较少的费用（综合建设方的投资和施工方的成本）和较快的速度实现工程项目的预定功能。因此，工程项目的进度目标、费用目标、质量目标是实现工程项目基本目标的保证。三大目标管理互相影响，互相联系，共同服务于工程项目的总目标。同时，三大目标管理也是互相矛盾的。许多工程项目，尤其是大型重点建设项目，一般项目工期要求紧张，工程施工进度压力大，经常性地连续施工。为加快施工进度而进行的赶工，一般都会对工程施工质量和施工安全产生影响，并会引起建设方的投资加大或施工方的成本增加。

综合工程项目目标管理与工程项目进度目标、费用目标和质量目标之间相互矛盾又统一协调的关系，在工程项目施工实践中，需要在确保工程质量的前提下，控制工程项目的进度和费用，实现三者的有机统一。

四、工程目标工期的决策分析

（一）工程项目总进度目标

工程项目总进度目标指在项目决策阶段项目定义时确定的整个项目的进度目标。其范围为从项目开始至项目完成整个实施阶段，包括设计前准备阶段的工作进度、设计工作进度、招标工作进度、施工前准备工作进度、工程施工进度、工程物资采购工作进度、项目动用前的准备工作进度等。

工程项目总进度目标的控制是业主方项目管理的任务。在对其实施控制之前，需要对上述工程实施阶段的各项工作进度目标实现的可能性以及各项工作进度的相互关系进行分析和论证。

在设定工程项目总进度目标时，工程细节尚不确定，包括详细的设计图纸，有关工程发包的组织、施工组织和施工技术方面的资料，以及其他有关项目实施条件的资料。因此，在此阶段，主要是对项目实施的条件和项目实施策划方面的问题进行分析、论证并进行决策。

（二）总进度纲要

大型工程项目总进度目标的核心工作是以编制总进度纲要为主分析并论证总进度目标实现的可能性。总进度纲要的主要内容有：项目实施的总体部署；总进度规划；各子系统进度规划；确定里程碑事件（主要阶段的开始和结束时间）的计划进度目标；总进度目标实现的条件和应采取的措施等。主要通过对项目决策阶段与项目进度有关的资料及实施的条件等资料收集和调查研究，对整个工程项目的结构逐层分解，对建设项目的进度系统分解，逐层编制进度计划，协调各层进度计划的关系，编制总进度计划。当不符合项目总进度目标要求时，设法调整；当进度目标无法实现时，报告项目管理者进行决策。

（三）工程项目进度计划系统

工程项目进度计划系统是由多个相互关联的进度计划组成的系统。它是项目进度控制的依据。由于各种进度计划编制所需要的必要资料是在项目进展过程中逐步形成的，因此项目进度计划系统的建立和完善也有一个过程，是逐步形成的。工程项目进度计划系统可以按照不同的计划目的等进行划分。

（四）施工项目目标工期

施工阶段是工程实体的形成阶段，做好工程项目进度计划并按计划组织实施，是保证项目在预定时间内建成并交付使用的必要工作，也是工程项目进度管理的主要内容。为了提高进度计划的预见性和进度控制的主动性，在确定工程进度控制目标时，必须全面细致地分析影响项目进度的各种因素，采用多种决策分析方法，制定一个科学、合理的工程项目目标工期。

（1）以企业定额条件下的工期为施工目标工期；

（2）以工期成本最优工期为施工目标工期；

（3）以施工合同工期为施工目标工期。

在确定施工项目工期时，应充分考虑资源与进度需要的平衡，以确保进度目标的实现，还应考虑外部协作条件和项目所处的自然环境、社会环境和施工环境等。

第二节 工程项目进度控制措施

工程项目进度控制是项目管理者围绕目标工期的要求编制进度计划、付诸实施，并在实施过程中不断检查进度计划的实际执行情况，分析产生进度偏差的原因，进行相应调整和修改的过程。通过对进度影响因素实施控制及各种关系协调，综合运用各种可行方法、措施，将项目的计划工期控制在事先确定的目标工期范围之内。在兼顾费用、质量控制目标的同时，努力缩短建设工期。参与工程项目的建设单位、设计单位、施工单位、工程监理单位均可构成工程项目进度控制的主体。下面根据不同阶段不同的影响因素，提出针对性的工程项目进度控制措施。

一、进度目标的确定与分解

工程项目进度控制经由工程项目进度计划实施阶段，是工程项目进度计划指导工程建设实施活动，落实和完成计划进度目标的过程。工程项目管理人员根据工程项目实施阶段、工程项目包含的子项目、工程项目实施单位、工程项目实施时间等设立工程项目进度目标。影响工程项目施工进度的因素有很多，如人为因素、技术因素、机具因素、气象因素等，在确定施工进度控制目标时，必须全面细致地分析与工程项目施工进度有关的各种有利因素和不利因素。

（一）工程施工进度目标的确定

施工项目总有一个时间限制，即为施工项目的竣工时间。而施工项目的竣工时间就是施工阶段的进度目标。有了这个明确的目标以后，才能进行有针对性的进度控制。确定施工进度控制目标的主要依据有：建设项目总进度目标对施工工期的要求；施工承包合同要求、工期定额、类似工程项目的施工时间；工程难易程度和工程条件的落实情况、企业的组织管理水平和经济效益要求等。

（二）工程施工进度目标的分解

项目可按进展阶段的不同分解为多个层次，项目进度目标可据此分解为不同进度分目标。项目规模大小决定进度目标分解层次数，一般规模越大，目标分解层次越多。工程施工进度目标可以从以下几个方面进行分解：

（1）按施工阶段分解；

（2）按施工单位分解；

（3）按专业工种分解；

（4）按时间分解。

二、进度控制的流程和内容

由工程项目进度控制的含义，结合工程项目概况，工程项目经理部应按照以下程序进行进度控制：

（1）根据签订的施工合同的要求确定施工项目进度目标，明确项目分期分批的计划开工日期、计划总工期和计划竣工日期。

（2）逐级编制施工指导性进度计划，具体安排实现计划目标的各种逻辑关系（工艺关系、组织关系、搭接关系等），安排制订对应的劳动力计划、材料计划、机械计划及其他保证性计划。如果工程项目有分包人，还需编制由分包人负责的分包工程施工进度计划。

（3）在实施工程施工进度计划之前，还需要进行进度计划的交底，落实相关的责任,并报请监理工程师提出开工申请报告,按监理工程师开工令进行开工。

(4)按照批准的工程施工进度计划和开工日组织工程施工。工程项目经理部首先要建立进度实施和控制的科学组织系统及严密的工作制度,然后依据工程项目进度管理目标体系,对施工的全过程进行系统控制。在正常情况下,进度实施系统应发挥检测、分析职能并循环运行,即随着施工活动的进行,信息管理系统会不断地将施工实际进度信息按信息流动程序反馈至进度管理者,经统计分析,确定进度系统无偏差,则系统继续进行。如发现实施进度与计划进度有偏差,系统将发挥调控职能,分析偏差产生的原因,偏差产生后对后续工作的影响和对总工期的影响,一般需要对原进度计划进行调整,提出纠正偏差方案和实施技术、经济、合同保证措施,及取得相关单位支持与配合的协调措施,确保采取的进度调整措施技术可行、经济合理后,将调整后的进度计划输入进度实施系统,施工活动继续在新的控制系统下运行。当出现新的偏差时,重复上述偏差分析、调整、运行的步骤,直到施工项目全部完成。

(5)施工任务完成后,总结并编写进度控制或管理的报告。

三、进度控制的方法和措施

工程项目进度控制本身就是一个系统工程,包括工程进度计划、工程进度检测和工程进度调整三个相互作用的系统工程。同样,工程项目进度控制的过程实质上也是对有关施工活动和进度的信息不断搜集、加工、汇总和反馈的过程。信息控制系统将信息输送出去,又将其作用结果返送回来,并对信息的再输出施加影响,起到控制作用,以期达到预定目标。

(一)工程项目进度控制方法

依照工程项目进度控制的系统工程理论、动态控制理论和信息反馈理论等,主要的工程项目进度控制方法有规划、控制和协调。工程项目进度控制目标的确定和分级进度计划的编制,为工程项目进度的"规划"控制方法,体现为工程项目进度计划的制订。工程项目进度计划的实施、实际进度与计划进度的比较和分析、出现偏差时采取的调整措施等,属于工程项目进度控制的"控制"方法,体现了工程项目的进度检测系统和进度调整系统。在整个工程项目的实施阶段,从计划开始到实施完成,进度计划、进度检测和进度调整,每一过程或系统都要充分发挥信息反馈的作用，实现与施工进度有关的单位、部门和工作队组之间的进度关系的充分沟通协调，此为工程项目进度控制的"协调"方法。

（二）工程项目进度控制措施

工程项目进度控制采取的主要措施有组织措施、管理措施、合同管理措施、经济措施和技术措施。

1. 组织措施

正如前文所述，组织是目标能否实现的决定性因素，为实现项目的进度目标，应充分健全项目管理的组织体系。

整个组织措施在实现过程中、在项目组织结构中，都需要有专门的工作部门和符合进度控制岗位资格的专人负责进度控制工作，在项目管理组织设计的任务分工表和管理职能分工表中标示和落实。

2. 管理措施

建设工程项目进度控制的管理措施涉及管理的思想、管理的方法、管理的手段、承发包模式、合同管理、信息管理和风险管理。

用工程网络计划的方法编制进度计划必须很严谨地分析和考虑工作之间的逻辑关系，通过工程网络计划可发现关键工作和关键路线，也可知道非关键工作可使用的时差，有利于实现进度控制的科学化。

3. 合同管理措施

合同管理措施是指与分包单位签订施工合同的合同工期与项目有关进度目标的协调性。承发包模式的选择直接关系到工程实施的组织和协调。为了实现进度目标，应选择合理的合同结构，避免过多的合同界面而影响工程的进展。

4. 经济措施

经济措施是实现进度计划的资金保证措施。建设工程项目进度控制的经济措施主要涉及资金需求计划、资金供应计划和经济激励措施等。

5. 技术措施

技术措施主要是采取加快施工进度的技术方法，包括：尽可能地采用先进施工技术、方法和新材料、新工艺、新技术，保证进度目标的实现；落实施工方案，在发生问题时，能适时调整工作之间的逻辑关系，加快施工进度。

第三节　工程项目进度计划的编制

在工程项目管理中，进度计划是最广泛使用的用于分步规划项目的工具。通过系统地分析各项工作、前后相邻工作相互衔接关系及开竣工时间，项目经理在投入资源之前在纸上对拟建项目进行统筹安排。项目经理把拟建工程项目中需要的材料、机械设备、技术和资金等资源和人员组织集合起来并指向同一个工程目标，利用通用的工具确定投入和分配问题，提高工作效率。确定在有些工作出现拖延的情况下，对整个项目的完成时间造成的不利影响等。要想成功地完成任何一个复杂的项目，进度计划都是必不可少的。

一、进度计划的分类与编制依据

在工程项目施工阶段，工程项目进度计划是工程项目计划中最重要的组成部分，是在项目总工期目标确定的基础上，确定各个层次单元的持续时间、开始和结束时间，以及机动时间。工程项目进度计划随着工程项目技术设计的细化和项目结构分解的深入而逐步细化。工程项目进度计划经过从整体到细节的过程，包括工程项目总工期目标、项目主要阶段进度计划，以及详细的工期计划。

（一）工程项目进度计划的类型

根据工程项目进度控制不同的需要和不同的用途，各项目参与方可以制订多个相互关联的进度计划构成完整的进度管理体系。一般用横道图方法或网络计划进行安排。

（二）工程项目进度计划的编制依据

工程项目进度计划与进度安排起始于施工前阶段，从确立目标、识别工作、确定工作顺序、确定工作持续时间、完成进度计算，并结合具体的工程项目配备的资源情况，进行进度计划的修正和调整。工程项目进度计划系统，包括从确定各主要工程项目的施工起止日期，综合平衡各施工阶段的工程量和投资分配的施工总进度计划，到为各施工过程指明一个确定的施工工期，并确定施工作业所必需的劳动力及各种资源的供应计划的单位工程进度计划。进度计划的编制依据一般有：

（1）拟建项目承包合同中的工期要求；

（2）拟建项目设计图纸及各种定额资料，包括工期定额、概预算定额、施工定额及企业定额等；

（3）已建同类项目或类似项目的资料；

（4）拟建项目条件的落实情况和工程难易程度；

（5）承包单位的组织管理水平和资源供应情况等。

二、工程项目进度计划的编制程序

结合工程项目建设程序、工程项目管理的基本任务要求，编制工程项目进度计划，要满足以下要求：合同工期要求；合理组织施工组织设计，设置工作界面，保证施工现场作业人员和主导施工机械的工作效率；力争减少临时设施的数量，降低临时设施费用；符合质量，环保、安全和防火要求。

随着项目的进展，技术设计的深化，结构分解的细化，可供计划使用的数据越来越详细，越来越准确。项目经理根据项目工作分解结构及对工作的定义，计算工程量，确定工程活动（工程项目不同层次的项目单元）或工作之间的逻辑关系，按照各工程活动（工程项目不同层次的项目单元）或工作的工程量和资源投入量计划计算持续时间，统筹工程项目的建设程序、合同工期，建设各方要求，确定各工程活动详细的时间安排，即具体的持续时间，开竣工时间及机动时间。输出横道图和网络图，同时，得到相应的资源使用量计划。

（一）计算工程量

依据工程施工图纸及配套的标准图集，工程量清单计价规范或预算定额及其工程量计算规则，建设单位发布的招标文件（含工程量清单），承包单位编制的施工组织设计或施工方案，结合一定的方法，进行计算。

（二）确定工程活动之间的逻辑关系

工程活动之间的逻辑关系指工程活动之间相互制约或相互依赖的关系，表现为工程活动之间的工艺关系，组织关系和一般关系。

工艺关系，是指由工作程序或生产工艺确定的工程活动之间的先后顺序关系，如基础工程施工中，先进行土方开挖，后进行基础砌筑。

组织关系，是指工程活动之间由于组织安排需要或资源配置需要而规定的先后顺序关系。在进度计划中均表现出工程活动之间的先后顺序关系。

一般关系，在实际工程活动中，活动逻辑关系一般可表达为顺序关系、平行关系和搭接关系三种形式。据此组织工程活动或作业，基本方式归纳起来有三种，分别是依次施工、平行施工和流水施工。以工程项目施工为例，其具体组织方式和特点如下。

1. 依次施工

依次施工的组织方式是将拟建工程项目的整个建造过程分解成若干个施工过程，按照一定的施工顺序，前一个施工完成后，后一个施工才开始的作业组织方式。它是一种最基本的、最原始的施工作业组织方式。

2. 平行施工

平行施工是全部工程的各施工段同时开工、同时完工的一种施工组织方式。这种方法的特点是：

（1）充分利用工作面，争取时间，缩短工期；

（2）工作队不能实现专业化生产，不利于提高工程质量和劳动生产率；

（3）工作队及其工人不能连续作业；

（4）单位时间内投入施工的资源数量大，现场临时设施也相应增加；

（5）施工现场组织、管理复杂。

3. 流水施工

流水施工是将拟建工程在平面上划分成若干个作业段，在竖向上划分成若干个作业层，所有的施工过程配以相应的专业队组，按一定的作业顺序（时间间隔）依次连续地施工，使同一施工过程的施工班组保持连续、均衡，不同施工过程尽可能平行搭接施工，从而保证拟建工程在时间和空间上，有节奏、连续均衡地进行下去，直到完成全部作业任务的一种作业组织方式。流水施工的技术经济效果为：

（1）科学地利用了工作面，缩短了工期，可使拟建工程项目尽早竣工，交付使用，发挥投资效益。

（2）工程活动或作业班组连续均衡的专业化施工，加强了施工工人的操作技术熟练性，有利于改进施工方法和机具，更好地保证工程质量，提高了劳动生产率。

（3）单位时间内投入施工的资源较为均衡，有利于资源的供应管理，结合工期相对较短、工作效率较高等，可以减少用工量和管理费，降低工程成本，提高利润水平。

（三）计算持续时间

工程活动持续时间是完成一项具体活动需要花费的时间。随着新的建造方式和技术创新，工作日逐渐成为标准的时间单位。持续时间可以通过下列方式来计算：

（1）对于有确定的工作范围和工程量，又可以确定劳动效率（单位时间内完成的工程数量或单位工程量的工时消耗，用产量定额或工时定额表示，参照劳动定额或经验确定）的工程活动，可以比较精确地计算持续时间。

（2）对比类似工程项目计算持续时间。许多项目重复使用同样的工作（定量化或非定量化工作），只要做好记录，项目经理就能准确地预测出持续时间。

（3）有些工程活动由于其工作量和生产效率无法定量化，其持续时间也无法定量计算得到，对于经常在项目中重复出现的工作，可以采用类似项目经验或资料分析确定。有些项目涉及分包商、供应商、销售商等由其他部门来完成的工作，通过向相关人士进行询问、协商，确定这些工作的持续时间。参照合同中对工程活动的规定，查找对应的工程活动的开始、完成时间以及工程活动的持续时间。

（4）对于工作范围、工程量和劳动效率不确定的工程活动，以及对于采用新材料，新技术等的情况，采用德尔菲（Delphi）专家评议法，请有实践经验的工程专家对持续时间进行评议。常用的三种时间估计办法为对一个活动的持续时间分析各种影响因素，得出最乐观（一切顺利，时间最短）的时间 a，最悲观（各种不利影响都发生，时间最长）的时间 c，以及最大可能的时间 b，则持续时间 $t = \dfrac{a+4b+c}{6}$。

（四）计算进度计划

工程项目进度计划的计算，主要是解决三个方面的问题：

（1）项目的计算工期是多长；

（2）各项工程活动或作业开始时间和结束时间的安排；

（3）各项工程活动或作业是否可以延期，如果允许，可以延期多久，即时差问题。

对于项目经理来说，在项目开始前了解项目中各工程活动的开始时间，结束时间和时差，按照建设程序及工程特点安排工程项目进度，尤其是知道哪些地方存在时差，非常重要。没有时差或时差最小的工作被定义为关键工作，必须要密切注意。如果关键工作实际开始时间滞后，整个项目就会延期，因此关键工作对进度控制至关重要。

（五）修正

经过项目进度计划计算，确定各工程活动或作业的开始时间，结束时间，时差及项目的计算工期。一般来说，最初的进度计划很少能满足所有项目参与方的要求，即计算工期满足不了要求工期。此时，项目团队就需要调整和优化原进度计划。此外，一般施工单位的项目经理还会根据招标文件中工期的相关要求研究提前完成项目可能带来的好处，提前完工能够减少项目的间接成本。但是，加快项目进度需要人员加班成本以及管理成本的增加，会导致项目的直接成本大幅增加。所以项目经理结合招标文件的工期要求及项目资源限制，必须寻求成本相对更小的工期。

项目计划完成后，将形成符合项目目标的进度计划、费用计划和资源配置计划。接下来就是按照项目计划实施工程项目，为保证实施计划的顺利进行，项目经理需要对实施进度进行监控检查，需要针对实际情况进行调整，包括专业工种人员数量、工作时间表，机械设备供应、工作计划等都会随工程进展而做出改变。出现争议时，项目经理需要及时准确记录整个过程。

三、工程项目进度计划的种类

进度计划的种类有很多，常见的有横道图、里程碑图、网络图三种。

（一）横道图

横道图也称甘特图。横道图是进度计划编制中最常见且被广泛应用的一种工具。横道图是用水平线条表示工作流程的一种图表。横道图将计划安排和进度管理两种职能组合在一起，通过日历形式列出工程项目活动相应的开始和结束日期。

横道图中，项目活动在图的左侧纵向列出，图中的每个横道线代表一个工程活动或作业，横道线的长度为活动的持续时间，横道线出现的位置表示活动的起止时间，横向代表的是时间轴，依据计划的详细程度不同，可以是年、月、周等时间单位。

通过横道图的含义，可以看出横道图具有很多优点，同时也有局限性。

1. 横道图的优点

（1）横道图能够清楚地表达各项工程活动的起止时间，内容排列整齐有序，形象直观，能为各层次人员使用。

（2）横道图可以与劳动力计划、资源计划、资金计划相结合，计算各时段的资源需要量，并绘制资源需要量计划。

（3）使用方便，编制简单，易于掌握。

正是由于这些非常明显的优点，横道图自发明以来被广泛应用于各行各业的生产管理活动中，直到现在仍被普遍使用着。

2. 横道图的局限性

（1）不能清楚地表达工作间的逻辑关系，即工程活动之间的前后顺序及搭接关系通过横道图不能确定。因此，当某个工程活动出现进度偏差时，表达不出偏差对哪些活动会有影响，不便于分析进度偏差对后续工程活动及项目工期的影响，难以调整进度计划。

（2）不能反映各项工程活动的相对重要性，如哪些工程活动是关键性的活动，哪些工程活动有推迟或拖延的余地，及余地的大小，不能很好地掌握影响工期的主要矛盾。

（3）对于大型复杂项目，由于其计划内容多，逻辑关系不明，表达的信息少，不便对项目计划进行处理和优化。

横道图本身的特点，决定了横道图比较适合于规模小、简单的工程项目，或者在项目初期，尚无详细的项目结构分解，工程活动之间复杂的逻辑关系尚未分析出来时编制的总进度计划。

（二）里程碑图

里程碑图是以工程项目中某些重要事件的完成或开始时间（没有持续时间）作为基准形成的计划，是一个战略计划或项目框架，以中间产品或可实现的结果为依据。项目的里程碑事件，通常是项目的重要事件，是重要阶段或重要工程活动的开始或结束，是项目全过程中关键的事件。工程项目中常见的里程碑事件有批准立项、初步设计完成、总承包合同签订、现场开工、基础完工、主体结构封顶、工程竣工、交付使用等。

里程碑事件与项目的阶段结果相联系，其作为项目的控制点、检查点和决策点，通常依据工程项目主要阶段的划分、项目阶段结果的重要性，以及过去工程的经验来确定。对于上层管理者，掌握项目里程碑事件的安排对进度管理非常重要。工程项目的进度目标、进度计划的审查、进度控制等就是以项目的里程碑事件为对象的。

（三）网络图

网络图是由箭线和节点组成，用来表示工作流程的有向的、有序的网状图形。一个网络图表示一项计划任务。网络计划根据不同的分类方式可分为很多种。

1. 按逻辑关系及工作持续时间是否确定划分

网络计划按各项工作持续时间和各项工作之间的相互关系是否确定，可分为肯定型和非肯定型两类。肯定型网络计划是工作与工作之间的逻辑关系和工作持续时间都能确定的网络计划，如关键线路法（CPM）、搭接网络计划、多级网络计划和流水网络计划等。非肯定型网络计划是工作与工作之间的逻辑关系和工作持续时间三者任一不确定的网络计划，如计划评审技术（PERT）、风险评审技术、决策网络技术和仿真网络计划技术等。

2. 按工作的表示方式不同划分

按工作的表示方式不同，网络计划可分为双代号网络计划和单代号网络计划。

3. 按目标的多少划分

按目标的多少，网络计划可分为单目标网络计划和多目标网络计划。

4. 按其应用对象不同划分

按其应用对象不同，网络计划可分为分部工程网络计划、单位工程网络计划和群体工程网络计划。

5. 按表现形式不同划分

按表现形式不同，网络计划可分为双代号网络图、双代号时标网络图、单代号搭接网络图、单代号网络图。这几类网络计划技术为工程中常用的形式，为本章讨论的重点。

网络进度计划最常用的为关键线路法（CPM），由节点和箭线组成，由一个对整个项目的各个方面都非常了解的管理团队编制。一份完整的网络进度计划要求所有工作都按照确定的目标有组织地完成。用确定的各项活动的持续时间以及相互之间的逻辑关系，考虑必需的资源，用箭线将工程活动自开始节点到结束节点连接起来，形成有向、有序的各条线路组成的网状图形——网络图。其特点有：

（1）利用网络图，可以明确地表达各项工程活动之间的逻辑关系；

（2）通过网络进度计划，可以确定工程的关键工作和关键线路；

（3）掌握机动时间，合理配置资源；

（4）根据国家相关标准规范的规定，可以利用计算机辅助手段，进行网络计划的调整和优化。

网络进度计划技术是进度计划表现形式的一种，故在绘制网络图时要注意：表示时间的不可逆性，网络计划的箭线只能是从左往右，工程活动名称的唯一性，以及工程活动的开始、结束节点只能分别是一个的特性。

第四节　工程项目进度的检查与分析方法

工程项目施工进度计划编制完成，经有关部门审批后，即可组织实施，计划检查。进度计划执行过程中，由于种种因素的影响，实际进度与计划进度会有偏差，一般都需要采取相关的措施，以保证计划目标的顺利实现。此阶段的工作主要有：检查并实际掌握工程进展情况；根据存在的偏差分析原因；在此基础上，确定相应的解决措施或方法。

一、工程项目进度计划的实施与检查

工程项目进度计划的实施就是用工程项目进度计划指导工程建设实施活动，并在实施过程中不断检查计划的执行情况，分析产生进度偏差的原因，落实并完善计划进度目标。

实施进度计划前，需要按工程的不同实施阶段、不同的实施单位、不同的时间点来设立分目标。同时，为了便于进度计划的实施、检查和监督，尤其是在施工阶段，需要项目进度计划分解为年、季、月、旬、周作业计划和作业任务书，并按此执行进度作业。

（一）进度检查的内容

在工程项目进度计划实施过程中，应跟踪计划的实施进行监督，查清工程项目施工进展。进度检查的内容有：

（1）施工形象进度检查。这一般也是施工进度检查的重点，检查施工现场的实际进度情况，并与进度计划相比较。

（2）设计图纸等进展情况检查。检查各设计单元供图进度，确定或估计是否满足施工进度要求。

（3）设备采购进展情况检查。检查设备在采购、运输过程中的进展情况，确定或估计是否满足计划的到货日期，能否适应土建或安装进度的要求。

（4）材料供应或成品、半成品加工情况检查。有些材料是直接供应的，主要检查其订货、运输和储存情况；有些材料需经工厂加工为成品或半成品，然后运到工地，检查其原料订货、加工、运输等情况。

（二）施工进度检查时应注意的问题

（1）根据施工合同中对进度、开工及延期开工、暂停施工、工期延误和工程竣工等承诺的规定，开展工程进度的相关控制工作。

（2）编制统计报表。在施工进度计划实施过程中，应跟踪形象进度对工程量、总产值、耗用的人工、材料和机械台班等的数量进行统计分析，编制统计报表。

（3）进度索赔。当合同一方因另外一方的原因工期拖延时，应进行进度索赔。当发包人未按合同规定提供施工条件等非承包人原因导致承包人的工期拖延，承包人针对延误的工期可提出进度索赔。

（4）分包工程的实施。分包人应根据项目施工进度计划编制分包工程进度计划并组织实施。施工项目经理部应将分包工程施工进度计划纳入项目进度计划控制范畴，并协助分包人解决项目进度控制中的相关问题。

二、实际进度与计划进度的比较分析

进度计划的检查方法主要是对比法，即实际进度与计划进度相比较，发现进度计划执行受到干扰时，进行分析，继而进行调整或修改计划，保证进度目标的实现。常见的检查方法有横道图比较法、前锋线法、双 S 曲线法。

（一）横道图比较法

1. 匀速进展的横道图比较法

横道图比较法是指将项目实施过程中收集到的数据，经加工整理后直接用横道线平行绘于原计划的横道线处，并在原进度计划上标出检查日期，可以比较清楚地对比实际进度和计划进度情况的一种方法。该方法适用于工程项目中各项工作都是匀速进展的情况，即每项工作在单位时间内完成的任务量都相等的情况。此时，每项工作累计完成的任务量与时间呈线性关系，完成的任务量可以用实物工程量、劳动消耗量或费用支出表示。

（2）非匀速进展的横道图比较法

工程实际施工过程中，每项工作不一定是匀速进展的。故针对非匀速进展的工程，实际进度与计划进度的比较采用非匀速进展的横道图比较法。此方法根据工程项目进度计划（分解的详细周进度计划或施工任务包），在横道线的上方标出各阶段时间工作的计划完成任务量累计百分比，在横道线的下方标出相应阶段时间工作的实际完成任务量累计百分比，用涂黑的粗线标出工作的实际进度，从开始之日标起。

对比分析实际进度与计划进度：如果同一时刻横道线上方累计百分比大于横道线下方累计百分比，表明实际进度拖后，两者之差即为拖欠的任务量；如果同一时刻横道线上方累计百分比小于横道线下方累计百分比，表明实际进度超前，两者之差即为超前的任务量；如果同一时刻横道线上方累计百分比等于横道线下方累计百分比，表明实际进度与计划进度一致。

（二）前锋线比较法

在实际进度与计划进度的比较中，要想更准确地判断进度延误对后续工作及总工期等的影响，需要有能清楚表达工作之间逻辑关系的比较方法，前锋线比较法应运而生。

1. 相关概念

前锋线是指在原时标网络计划上，从检查时刻的时标点出发，用虚线或点画线依次将各项工作实际进展位置点连接而成的折线。前锋线比较法是通过实际进度前锋线与原进度计划中各工作箭线交点的位置来判断工作实际进度与计划进度的偏差，进而判定该偏差对后续工作及总工期影响程度的一种方法。为了清楚起见，可在时标网络计划图的上方和下方各设一时间坐标。工作实际进展位置点可以按该工作已完成任务量比例和尚需作业时间进行标定。

2. 对比实际进度与计划进度

（1）工作实际进展位置点落在检查日期的左侧，表明该工作实际进度拖后，拖后时间为两者之差。

（2）工作实际进展位置点与检查日期重合，表明该工作实际进度与计划进度一致。

（3）工作实际进展位置点落在检查日期的右侧，表明该工作实际进度超前，超前时间为两者之差。

3. 预测进度偏差对后续工作及总工期的影响

通过实际进度与计划进度的比较确定进度偏差后，还可根据工作的自由时差和总时差预测该进度偏差对后续工作及项目总工期的影响。

（三）基于网络计划的双 S 曲线法

1. 双 S 曲线法

工程网络计划中的任何一项工作，其逐日累计完成的工作任务量都可借助于两条 S 形曲线概括表示：一是按工作的最早开始时间安排计划进度而绘制的 S 形曲线，称 ES 曲线；二是按工作的最迟开始时间安排计划进度而绘制的 S 形曲线，称 LS 曲线。两条曲线除在开始点和结束点相重合外，ES 曲线的其余各点均落在 LS 曲线的左侧，使得两条曲线围合成一个形如香蕉的闭合曲线圈，故将其称为香蕉形曲线。

2．双 S 曲线的作用

（1）合理安排工程项目进度计划

如果工程项目中各项工作均按其最早开始时间安排进度，将导致项目投资的加大；而如果各项工作都按其最迟开始时间安排进度，则一旦受到进度影响因素的干扰，将会导致工期的延误。因此，一个科学合理的进度计划优化曲线，应处于香蕉曲线所包络的范围内。

（2）定期比较工程项目的实际进度与计划进度

在工程项目的实施过程中，根据每次检查收集到的实际完成任务量，绘制出实际进度 S 曲线，便可以与计划进度比较。工程项目实际进度的理想状态是任一时刻工程实际进展点应落在香蕉线图的范围之内。如果工程实际进展点落在 ES 曲线的左侧，表明此刻实际进度比各项工作按最早开始时间安排的计划进度超前；如果工程实际进展点落在 LS 曲线的右侧，则表明此刻实际进度比各项工作按其最迟开始时间安排的计划进度落后。

（3）预测后期工程进展趋势

利用香蕉曲线可以对后续工程的进展情况进行预测。

第五节　工程项目进度计划的调整与优化

通过对工程项目计划进度的实施、检查，结合工程项目的特定目标的唯一性、临时性、不断完善的渐进性及风险与不确定性等属性，实际进度与计划进度必然会存在一定的差异。通过对实际进度和计划进度的比较、分析，根据需要对工程项目进度计划进行调整和优化。

一、进度拖延的影响因素

进度拖延是工程项目过程中经常发生的现象，各层次的项目单元、各个项目阶段都可能出现延误。进度拖延的原因是多方面的，常见的有以下几种：

（一）工期及相关计划欠周密

计划不周密是常见的现象，包括：计划时忘记（遗漏）部分必需的功能或工作；计划值（如计划工作量、持续时间）不足，相关的实际工作量增加；资源或能力不足，如计划时没考虑到资源的限制或缺陷，没有考虑如何完成工作；出现了计划中未能考虑到的风险或状况，未能使工程实施达到预定的效率。

（二）工程实施条件的变化

工程实施条件的变化包括：工作量的变化，可能是设计的修改、设计的错误、业主新的要求、修改项目的目标及系统范围的扩展造成的；环境条件的变化，如不利的施工条件不仅造成对工程实施过程的干扰，有时直接要求调整原来已确定的计划；发生不可抗力事件，如地震、台风、动乱、战争等。

（三）管理过程中的失误

计划部门与实施者之间、总分包商之间、业主与承包商之间缺少沟通，工期意识淡薄，例如管理者拖延了图纸的供应和批准，任务下达时缺少必要的工期说明和责任落实，拖延了工程活动。项目参加单位对各个活动（各专业工程和供应）之间的逻辑关系（活动链）没有清楚地了解，下达任务时也没有进行详细的解释，同时对活动的必要前提条件准备不足，许多实际脱节，资源供应出现问题。其他方面未完成项目计划造成拖延，例如设计单位拖延设计，上级机关拖延批准手续，质量检查拖延，业主不果断处理问题等。

二、进度偏差的影响分析

对于进度偏差，需要分析其对后续工作及总工期的影响，以及后续工作和总工期的可调整程度，对进度计划进行相关的调整和优化。下面就进度偏差产生的两种结果（某项工作的实际进度超前或滞后）来进行分析。

（一）当进度偏差体现为某项工作的实际进度超前

加快某些工作的实施进度，可导致资源使用情况发生变化，特别是在有多个平行分包单位施工的情况下，由此而引起后续工作时间安排的变化，往往会带来潜在的风险和索赔事件的发生，使缩短部分工期的实际效果得不偿失。因此，当进度计划执行过程中产生的进度偏差体现为某项工作的实际进度超前，若超前幅度不大，此时计划不必调整；当超前幅度过大，则此时计划需要调整。

（二）当进度偏差体现为某项工作的实际进度滞后

进度计划执行过程中若实际进度滞后，是否调整原定计划通常应视进度偏差和相应工作总时差及自由时差的比较结果而定。

（1）出现进度偏差的工作为关键工作，实际进度滞后，必然会引起后续工作最早开工时间的延误和整个计划工期的相应延长，因而，必须对原定进度计划采取相应调整措施。

（2）出现进度偏差的工作为非关键工作，且实际进度滞后天数已超出其总时差，则实际进度延误同样会引起后续工作最早开工时间的延误和整个计划工期的相应延长，因而，必须对原定进度计划采取相应调整措施。

（3）出现进度偏差的工作为非关键工作，且实际进度滞后天数已超出其自由时差而未超出其总时差，实际进度延误只会引起后续工作最早开工时间的拖延而对整个计划工期并无影响。此时只有在后续工作最早开工时间不宜推后的情况下才考虑对原定进度计划采取相应调整措施。

（4）若出现进度偏差的工作为非关键工作，且实际进度滞后天数未超出其自由时差，实际进度延误对后续工作的最早开工时间和整个计划工期均无影响，因而不必对原定进度计划采取调整措施。

三、工程项目进度计划的调整与优化

承包商自身原因导致在自身承担的风险范围内的进度偏差对后续工作或工程项目产生了不可逆转的不利影响时，需要对进度计划进行调整和优化。

（一）进度计划调整的内容

进度计划调整的内容包括工作内容、工作量、工作起止时间、工作持续时间、工作逻辑关系、资源供应。可以只调整六项其中一项，也可以同时调整多项，还可以将几项结合起来调整，以求综合效益最佳。只要能达到预期目标，调整越少越好。

（二）进度计划调整方法和措施

1. 调整关键路线长度

当关键路线的实际进度比计划进度提前时，首先要确定是否对原计划工期予以缩短。综合考虑施工合同中对工期提前的奖励措施、工程质量和工程费用等。

如果不缩短，可以利用这个机会降低资源强度或费用，方法是选择后续关键工作中资源占用量大的或直接费用高的予以适当延长，延长的长度不应超过已完成的关键工作提前的时间量，以保证关键线路总长度不变。

2．缩短某些后续工作的持续时间

当关键线路的实际进度比计划进度滞后时，表现为以下两种情况：

（1）网络计划中某项工作进度拖延的时间已超过其自由时差但未超过其总时差，对于后续工作拖延的时间有限制要求的情况；

（2）网络计划中某项工作进度拖延的时间超过其总时差，项目总工期不允许拖延，或项目总工期允许拖延，但拖延的时间有限制的情况。

需要压缩某些后续工作的持续时间，选择压缩工作的原则：缩短持续时间对质量和安全影响不大的工作；有备用资源的工作；缩短持续时间所需增加的资源、费用最少的工作。综合影响进度的各种因素、各种调整方法，采取赶工措施，以缩短某些后续工作的持续时间，使调整后的进度计划符合原进度计划的工期要求。

3．非关键工作时差的调整

时差调整的目的是充分或均衡地利用资源，降低成本，满足项目实施需要。时差调整幅度不得大于计划总时差值。需要注意非关键工作的自由时差，它只是工作总时差的一部分，是紧后工作最早能开始的机动时间。在项目实施过程中，如果发现正在开展的工作存在自由时差，一定要考虑是否需要立即使用，如把相应的人力、物力调整支援到关键工作。

任何进度计划的实施都受到资源的限制，计划工期的任一阶段，如果资源需要量超过资源最大供应量，那这样的计划是没有任何意义的。受资源供给限制的网络计划是利用非关键工作的时差来进行调整的。项目均衡实施，在进度开展过程中，所完成的工作量和所消耗的资源量尽可能保持均衡。

4．改变某些后续工作之间的逻辑关系

若进度偏差已影响计划工期，且有关后续工作之间的逻辑关系允许改变，此时可变更位于关键线路或位于非关键线路但延误时间已超出其总时差的有关工作之间的逻辑关系，从而达到缩短工期的目的。

工作之间逻辑关系的改变的原因必须是施工方法或组织方法的改变，一般来说，调整的是组织关系。

（三）增减工作项目

增加工作项目，是对原遗漏或不具体的逻辑关系进行补充；减少工作项目只是对提前完成了的工作项目或原不应设置而设置了的工作项目予以删除。由于增减工作项目只是改变局部的逻辑关系，不影响总的逻辑关系，因此增减工作项目均不打乱原网络计划总的逻辑关系。增减工作项目之后应重新计算时间参数，以分析此调整是否对原网络计划工期产生影响，如有影响应采取措施消除。

第六章　土木工程项目质量管理

第一节　土木工程项目质量管理概述

工程项目质量是基本建设效益得以实现的保证，是决定工程建设成败的关键。工程项目质量管理是为了保证达到工程合同规定的质量标准而采取的一系列措施、手段和方法，应当贯穿工程项目建设的整个寿命周期。工程项目质量管理是承包商在项目建造过程中对项目设计、项目施工进行的内部的、自身的管理。针对工程项目业主，工程项目质量管理可保证工程项目能够按照工程合同规定的质量要求，实现项目业主的建设意图，取得良好的投资效益。针对政府部门，工程项目质量管理可维护社会公众利益，保证技术性法规和标准的贯彻执行。

一、工程项目质量管理

（一）工程项目质量管理与工程项目质量控制

1. 质量和工程质量

质量是指一组固有特性满足要求（包括明示的、隐含的和必须履行的）的程度。质量不仅是指产品质量，也可以是某项活动或过程的工作质量，还可以是质量管理体系的运行质量；固有是指事物本身所具有的，或者存在于事物中的；特性是指某事物区别于其他事物的特殊性质，对产品而言，特性可以是产品的性能如强度等，也可以是产品的价格、交货期等。工程质量的固有特性通常包括使用功能、耐久性、可靠性、安全性、经济性以及与环境的协调性，这些特性满足要求的程度越高，质量就越好。

2. 工程项目质量形成的过程

工程项目质量是按照工程建设程序，经过工程建设的各个阶段而逐步形成的。工程项目质量形成的阶段及内容如表 6-1 所示。

工程项目质量形成的过程决定工程项目质量管理过程。

表 6-1　工程项目质量形成的系统过程

序号	工程建设阶段	主要内容
1	项目可行性研究	论证项目在技术上的可行性与经济上的合理性，为决策立项和确定质量目标与质量水平提供依据
2	项目决策	决定项目是否投资建设，确定项目质量目标和水平
3	工程设计	工程项目质量目标和水平的具体化
4	工程施工	合同要求与设计方案的具体实现，最终形成工程实体质量
5	工程验收及质量保修	最终确认工程质量水平高低，确保工程寿命期内质量可靠

3. 质量管理和工程质量管理

质量管理是在质量方面指挥和控制组织协调活动的管理，其首要任务是确定质量方针、质量目标和质量职责，核心是要建立有效的质量管理体系，并通过质量策划、质量控制、质量保证和质量改进四大支柱来确保质量方针、质量目标的实施和实现。其中，质量策划是致力于制定质量目标并规定必要的进行过程和相关资源来实现质量目标；质量控制是致力于满足工程质量要求，为了保证工程质量满足工程合同、规范标准所采取的一系列措施、方法和手段；质量保证是致力于提供质量要求并得到信任；质量改进是致力于增强满足质量要求的能力。质量管理也可以理解为：监视和检测；分析判断；制定纠正措施；实施纠正措施。

就工程项目质量而言，工程项目质量管理是为达到工程项目质量要求所采取的作业技术和活动。工程项目质量要求主要表现为工程合同、设计文件、规范规定的质量标准。工程项目质量管理就是为了保证达到工程合同规定的质量标准而采取的一系列措施、手段和方法。

4. 质量控制和工程项目质量控制

质量控制是质量管理的一部分，是致力于满足质量要求的一系列相关活动。

这些活动主要包括：

①设定标准，即规定要求，确定需要控制的区间、范围、区域；

②测量结果，测量满足所设定标准的程度；

③评价，即评价控制的能力和效果；

④纠偏，对不满足设定标准的偏差及时纠正，保持控制能力的稳定性。

工程项目质量控制是为达到工程项目质量目标所采取的作业技术和活动，贯穿于项目执行的全过程；是在明确的质量目标和具体的条件下，通过行动方案和资源配置的计划、实施、检查和监督，进行质量目标的事前预控、事中控制和事后纠偏控制，实现预期质量目标的系统过程。

（二）工程项目的质量管理总目标

结合工程项目建设的全过程及工程项目质量形成的过程，工程项目建设的各阶段对项目质量及项目质量的最终形成有直接影响。可行性研究阶段是确定项目质量目标和水平的依据，决策阶段确定项目质量目标和水平，设计阶段使项目的质量目标和水平具体化，施工阶段实现项目的质量目标和水平，竣工验收阶段保证项目的质量目标和水平，生产运行阶段保持项目的质量目标和水平。

由此可见，工程项目的质量管理总目标是在策划阶段进行目标决策时由业主提出的，是对工程项目质量提出的总要求，包括项目范围的定义、系统过程、使用功能与价值、应达到的质量等级等。同时，工程项目的质量管理总目标还要满足国家对建设项目规定的各项工程质量验收标准以及用户提出的其他质量方面的要求。

（三）工程项目质量管理的责任体系

在工程项目建设中，参与工程项目建设的各方，应根据国家颁布的《建设工程质量管理条例》以及合同、协议及有关文件的规定承担相应的质量责任。

工程项目质量控制按其实施者不同，分为自控主体和监控主体。前者指直接从事质量职能的活动者；后者指对他人质量能力和效果的监控者。工程项目质量的责任体系如表6-2所示。

表 6-2　工程项目质量的责任体系

单位	责任
政府	政府监督机构的质量管理是指政府建立的工程质量监督机构,根据有关法规和技术标准,对本地区(本部门)的工程质量进行监督检查,维护社会公共利益,保证技术性法规和标准的贯彻执行
建设单位	建设单位根据工程项目的特点和技术要求,按有关规定选择相应资格等级的勘察设计单位和施工单位,签订承包合同。合同中应用相应的质量条款,并明确质量责任。建设单位对其选择的勘察设计、施工单位发生的质量问题承担相应的责任
	建设单位在工程项目开工前,办理有关工程质量监督手续,组织设计单位和施工单位进行设计交底和图纸会审;在工程项目施工中,按有关法规、技术标准和合同的要求和规定,对工程项目质量进行检查;在工程项目竣工后,及时组织有关部门进行竣工验收
	建设单位按合同的约定采购供应的建筑材料、构配件和设备,应符合设计文件和合同要求,对发生的质量问题承担相应的责任
勘察设计单位	勘察设计单位应在其资格(资质)等级范围内承接工程项目
	勘察设计单位应建立健全质量管理体系,加强设计过程的质量控制,按国家现行的有关法律、法规、工程设计技术标准和合同的规定进行勘察设计工作,建立健全设计文件的审核会签制度,并对所编制的勘察设计文件的质量负责
	勘察设计单位的勘察设计文件应当符合国家规定的勘察设计深度要求,并应注明工程的合理使用年限。设计单位应当参与建设工程质量事故的分析,并对设计造成的质量事故提出相应的技术处理方案
监理单位	监理单位在其资格等级和批准的监理范围内承接监理业务
	监理单位编制监理工程的监理规划,并按工程建设进度,分专业编制工程项目的监理细则,按规定的作业程序和形式进行监理;按照监理合同的约定,相关法律法规等的规定,对工程项目的质量进行监督检查;如工程项目中设计、施工、材料供应等不符合相关规定,要求责任单位进行改正
	监理单位对所监理的工程项目承担己方过错造成的质量问题的责任
施工单位	施工单位在其资格等级范围内承担相应的工程任务,并对承担的工程项目的施工质量负责
	施工单位要建立健全质量管理体系,落实质量责任制,加强施工现场的质量管理,对竣工交付使用的工程项目进行质量回访和保修,并提供有关使用、维修和保养的说明
	施工单位对实行总包的工程,总包单位对工程质量或采购设备的质量以及竣工交付使用的工程项目的保修工作负责;实行分包的工程,分包单位要对其分包的工程质量和竣工交付使用的工程项目的保修工作负责。总包单位对分包工程的质量与分包单位承担连带责任
	施工单位施工完成的工程项目的质量应符合现行的有关法律,法规,技术标准、设计文件、图纸和合同规定的要求,具有完整的工程技术档案和竣工图纸

（四）工程项目质量管理的原则

建设项目的各参与方在工程质量管理中，应遵循以下几条原则：坚持质量第一的原则；坚持以人为核心的原则；坚持以预防为主的原则；坚持质量标准的原则；坚持科学、公正、守法的职业道德规范。

（五）工程项目质量管理的思想和方法

工程项目质量具有影响因素多、质量波动大、质量变异大、隐蔽工程多、成品检验局限性大等特点，基于工程项目质量的这些特点，工程项目质量管理的思想和方法有以下几种：

1. PDCA 循环原理

工程项目的质量控制是一个持续的过程，首先在提出质量目标的基础上，制订实现目标的质量控制计划，有了计划，便要加以实施，将制订的计划落到实处，在实施过程中，必须经常进行检查、监控，以评价实施结果是否与计划一致，最后，对实施过程中出现的工程质量问题进行处理，这一过程的原理就是 PDCA 循环。

PDCA 循环是建立质量体系和进行质量管理的基本方法，其含义见表6-3。每一次循环都围绕着实现预期的目标，进行计划、实施、检查和处理活动，随着对存在问题的解决和改进，在一次一次的滚动循环中逐步上升，不断提高质量水平。

表6-3 PDCA 的含义

环节	含义
计划 P（plan）	计划由目标和实现目标的手段组成，质量管理的计划职能包括确定质量目标和制订实现质量目标的行动方案两方面。实践表明，严谨周密、经济合理、切实可行的质量计划是保证工作质量、产品质量和服务质量的前提条件。 解决"5W1H"问题：为什么制定该措施（why）？达到什么目标（what）？在何处执行（where）？由谁负责完成（who）？什么时间完成（when）？如何完成（how）
实施 D（do）	实施职能在于将质量的目标值，通过生产要素的投入、作业技术活动和产出过程，转换为质量的实际值。在各项质量活动实施前，需要向操作人员明确质量标准及实施程序，需要对其进行技术交底；在实施过程中，要求规范行为，严格按照计划方案执行，确保质量控制计划的落实

环节	含义
检查 C（cheek）	对质量计划实施过程进行各种检查，包括作业者的自检、互检和专职管理者的专检。各类检查都包含两大方面的内容：一是检查是否严格执行了计划的行动方案，实际条件是否发生了变化以及不执行计划的原因；二是检查计划执行的结果，即产出的质量是否达到标准的要求，对此进行确认和评价
处理 A（action）	当质量检查中发现质量问题，必须及时进行原因分析，采取必要的措施予以纠正，保持工程质量形成过程处于受控状态。处理分纠偏和预防改进两个方面。前者是采取有效措施，解决当前的质量偏差、问题或事故；后者是将目前质量状况信息反馈到管理部门，反思问题症结或计划时的不周，确定改进目标和措施，为今后类似质量问题的预防提供借鉴。把未解决或新出现的问题转入下一个 PDCA 循环

2. 三阶段控制原理

工程项目各个阶段的质量控制，按照控制工作的开展与控制对象实施的时间关系，均可概括为事前控制、事中控制和事后控制，内容如表 6-4 所示。

事前、事中、事后三阶段的控制不是孤立和截然分开的，它们之间构成有机的系统过程，实质上也就是 PDCA 循环具体化，并在每一次滚动循环中不断提高，达到质量控制的持续改进。

表 6-4　三阶段控制的内容

工程项目阶段	内容
事前控制（是积极主动的预防性控制，是三阶段控制中的关键）	事前控制主要应当做好以下几方面的工作：建立完善的质量管理体系 严格控制设计质量，做好图纸及施工方案审查工作，确保工程设计不留质量问题隐患 选择技术力量雄厚、信誉良好的施工单位和负责的监理单位 施工阶段做好施工准备工作，具体来说，应当制定合理的施工现场管理制度，保证构成工程实体的材料合格，做好技术交底工作等
事中控制	事中控制是在施工阶段，工程实体建设中对工程质量的监控，此阶段对工程质量的控制主要通过工程监理进行 事中控制的关键是坚持质量标准，控制的重点是对工序质量、工作质量和质量控制点的监控
事后控制	事后控制也称为被动控制，包括对质量活动结果的认定评价和对质量偏差的纠正 事后控制的重点是发现施工质量方面的缺陷，并通过分析提出施工质量的改进措施，保持质量处于受控状态，亦即在已发生的质量缺陷中总结经验教训，在今后工作中尽量避免同种错误

3．三全控制原理

三全控制原理是指在企业或组织最高管理者的质量方针指引下，实行全面、全过程和全员参与的质量管理。

（1）全面质量管理

全面质量管理是指建设工程项目参与各方所进行的工程项目质量管理的总称，其中包括工程（产品）质量和工作质量的全面管理。全面质量管理要求参与工程项目的建设单位、勘察单位、设计单位、监理单位、施工总承包单位、施工分包单位、材料设备供应商等，都有明确的质量控制活动的内容。任何一方、任何环节的怠慢疏忽或质量责任不到位都会造成对建设工程质量的不利影响。

（2）全过程质量管理

全过程质量管理是指根据工程质量的形成规律，从源头抓起，全过程推进。全过程质量控制必须体现预防为主、不断改进和为顾客服务的思想，要控制的主要过程有：项目策划与决策过程；勘察设计过程；施工采购过程；施工组织与准备过程；检测设备控制与计量过程；施工生产的检验试验过程；工程质量的评定过程；工程竣工验收与交付过程；工程回访维修服务过程等。

（3）全员参与质量管理

按照全面质量管理的思想，组织内部的每个部门和工作岗位都承担着相应的质量职能，组织的最高管理者确定了质量方针和目标，就应组织和动员全体员工参与到实施质量方针的系统活动中，发挥自己的角色作用。开展全员参与质量管理的重要手段就是运用目标管理方法，将组织的质量总目标逐级进行分解，使之形成自上而下的质量目标分解体系和自下而上的质量目标保证体系，发挥组织系统内部每个工作岗位、部门或团队在实现质量总目标过程中的作用。

二、工程项目质量控制基准与质量管理体系

（一）工程项目质量控制基准

工程项目质量控制基准是衡量工程质量、工序质量和工作质量是否合格或满足合同规定的质量标准，主要有技术性质量控制基准和管理性质量控制基准

两大类。

工程项目质量控制基准是业主和承包商在协商谈判的基础上，以合同文件的形式确定下来的，是处于合同环境下的质量标准。工程项目质量控制基准的建立应当遵循以下原则：

（1）符合有关法律、法令；

（2）达到工程项目质量目标，让用户满意；

（3）保证一定的先进性；

（4）加强预防性；

（5）照顾特定性，坚持标准化；

（6）不追求过剩质量，追求经济合理性；

（7）有关标准应协调配套；

（8）与国际标准接轨；

（9）做到程序简化和职责清晰，可操作性强。

（二）企业质量管理体系的建立与认证

企业质量管理体系是企业为实施质量管理而建立的管理体系，通过第三方质量认证机构的认证，为该企业的工程承包经营和质量管理奠定基础。质量管理体系的建立程序如表6-5所示。

表 6-5　质量管理体系的建立程序

项目	内容
建立质量管理体系的组织策划	包括领导决策、组织落实、制订工作计划、进行宣传教育和培训等
质量管理体系总体设计	制定质量方针和质量目标，对企业现有质量管理体系进行调查评价，对骨干人员进行建立质量管理体系前的培训
质量管理体系的建立	企业质量管理体系的建立，是在确定市场及顾客需求的前提下，按照八项质量管理原则制定企业的质量方针、质量目标、质量手册、程序文件及质量记录等体系文件，并将质量目标分解落实到相关层次、相关岗位的职能和职责中，形成企业质量管理体系的执行系统。企业质量管理体系包括完善组织机构、配置所需的资源
质量管理体系文件编制	包括对质量管理体系文件进行总体设计、编写质量手册、编写质量管理体系程序文件、设计质量记录表式、审定和批准质量管理体系文件等

续表

项目	内容
质量管理体系运行	企业质量管理体系的运行是在生产及服务的全过程，按质量管理体系文件所制定的程序、标准、工作要求及目标分解的岗位职责进行运作。在质量体系的运行过程中，需要切实对目标实现中的各个过程进行控制和监督，与确定的质量标准进行比较，对于发现的质量问题及时纠偏，使这些过程达到所策划的结果并实现对过程的持续改进。包括实施质量管理体系运行的准备工作、质量管理体系运行
企业质量管理体系的认证	质量认证制度是由公正的第三方认证机构对企业的产品及质量体系做出正确可靠的评价，从而使社会对企业的产品建立信心。第三方质量认证制度自20世纪80年代以来已得到世界各国的普遍重视，它对供方、需方、社会和国家的利益都具有以下重要意义：提高供方企业的质量信誉；促进企业完善质量体系；增强国际市场竞争能力；减少社会重复检验和检查费用；有利于保护消费者利益；有利于法规的实施
获准认证后的维持与监督管理	获准认证后，企业应通过经常性的内部审核，维持质量管理体系的有效性，并接受认证机构对企业质量管理体系实施监督管理

其中，企业质量管理体系文件构成如表6-6所示。

表6-6 企业质量管理体系文件构成

项目	内容
质量手册	质量手册是建立质量管理体系的纲领性文件，应具备指令性、系统性、协调性、先进性、可行性和可检查性。其内容主要包括：企业的质量方针、质量目标；组织机构及质量职责；体系要素或基本控制程序；质量手册的评审、修改和控制的管理办法。其中质量方针和质量目标是企业质量管理的方向目标，是企业经营理念的反映，应反映用户及社会对工程质量的要求及企业相应的质量水平和服务承诺
程序性文件	程序性文件是指企业为落实质量管理工作而建立的各项管理标准、规章制度，通常包括活动的目的、范围及具体实施步骤。各类企业的程序文件中都应包括以下六个方面的程序：文件控制程序；质量记录管理程序；内部审核程序；不合格品控制程序；纠正措施控制程序；预防措施控制程序
质量计划	质量计划是对工程项目或承包合同规定专门的质量措施、资源和活动顺序的文件，用于保证工程项目建设的质量，需要针对特定工程项目具体编制
质量记录	质量记录是产品质量水平和质量体系中各项质量活动进程及结果的客观反映，对质量体系程序文件所规定的运行过程及控制测量检查的内容如实加以记录，用以证明产品质量达到合同要求及质量保证的满足程度 质量记录应完整地反映质量活动实施、验证和评审的情况，并记载关键活动的过程参数，具有可追溯性的特点。质量记录以规定的形式和程序进行，并有实施、验证、审核等签署意见

企业质量管理体系的认证程序如表 6-7 所示。

表 6-7　企业质量管理体系的认证程序

项目	内容
申请和受理	具有法人资格，已按 GB/T 19000-2008 系统标准或其他国际公认的质量体系规范建立了文件化的质量管理体系，并在生产经营全过程贯彻执行的企业可提出申请。申请单位须按要求填写申请书。认证机构经审查符合要求后接受申请，如不符合要求则不接受申请，接受或不接受均应发出书面通知书
审核	认证机构派出审核组对申请方质量管理体系进行检查和评定，包括文件审查、现场审核，并提出审核报告
审批与注册发证	体系认证机构根据审核报告，经审查决定是否批准认证。对批准认证的组织颁发质量管理体系认证证书，并将企业组织的有关情况注册公示，准予组织以一定方式使用质量管理体系认证标志。企业质量管理体系获准认证的有效期为 3 年

企业质量管理体系的维持与监督管理内容如表 6-8 所示。

表 6-8　企业质量管理体系的维持和监督管理内容

项目	内容
企业通报	认证合格的企业质量管理体系在运行中出现较大变化时，应当向认证机构通报。认证机构接到通报后，根据具体情况采取必要的监督检查措施
监督检查	认证机构对认证合格单位质量管理体系维持情况进行监督性现场检查，包括定期和不定期的监督检查。定期检查通常是每年一次，不定期检查视需要临时安排
认证注销	注销是企业的自愿行为。在企业质量管理体系发生变化或证书有效期届满未提出重新申请等情况下，认证持证者提出注销的，认证机构予以注销，收回该体系认证证书
认证暂停	认证暂停是认证机构对获证企业质量管理体系发生不符合认证要求情况时采取的警告措施。认证暂停期间，企业不得使用质量管理体系认证证书做宣传。企业在规定期间采取纠正措施满足规定条件后，认证机构撤销认证暂停；若仍不能满足认证要求，将被撤销认证注册并收回合格证书
认证撤销	当获证企业发生质量管理体系严重不符合规定，或在认证暂停的规定期限未予整改，或其他构成撤销体系认证资格情况时，认证机构做出认证撤销的决定。企业如有异议可提出申诉。认证撤销的企业一年后可重新提出认证申请
复评	认证合格有效期满前，如企业愿继续延长，可向认证机构提出复评申请
重新换证	在认证证书有效期内，出现体系认证标准变更、体系认证范围变更、体系认证证书持有者变更，可按规定重新换证

第二节　工程项目质量控制

工程项目的实施是一个渐进的过程，任何一个方面出现问题都会影响后期的质量，进而影响工程的质量目标。要实现工程项目质量的目标，建设一个高质量的工程，必须对整个工程项目过程实施严格的质量控制。

一、工程项目质量影响因素

工程项目质量管理涉及工程项目建设的全过程，而在工程建设的各个阶段，其具体控制内容不同，但影响工程项目质量的主要因素均可概括为人、材料、机械、方法及环境五个方面。因此，保证工程项目质量的关键是严格对这五大因素进行控制。

（一）人的因素

人指的是直接参与工程建设的决策者、组织者、管理者和作业者。人的因素影响主要是指上述人员个人素质、理论与技术水平、心理生理状况等对工程质量造成的影响。在工程质量管理中，对人的控制具体来说，应加强思想政治教育、劳动纪律教育、职业道德教育，以增强人的责任感，建立正确的质量观；加强专业技术知识培训，提高人的理论与技术水平。同时，通过改善劳动条件，遵循因材适用、扬长避短的用人原则，建立公平合理的激励机制等措施，充分调动人的积极性。通过不断提高参与人员的素质和能力，避免人的行为失误，发挥人的主导作用，保证工程项目质量。

（二）材料的因素

材料包括原材料、半成品、成品、构配件等。各类材料是工程施工的物质条件，材料质量是工程质量的基础。因此，加强对材料质量的控制，是保证工程项目质量的重要基础。

对工程材料的质量控制，主要应从以下几方面着手：采购环节，择优选择供货厂家，保证材料来源可靠；进场环节，做好材料进场检验工作，控制各种材料进场验收程序及质量文件资料的齐全程度，确保进场材料质量合格；材料进场后，加强仓库保管工作，合理组织材料使用，健全现场材料管理制度；材料使用前，对水泥等有使用期限的材料再次进行检验，防止使用不合格材料。材料质量控制的内容主要有材料的质量标准、材料的性能、材料取样、材料的适用范围和施工要求等。

（三）机械设备的因素

机械设备包括工艺设备、施工机械设备和各类机器具。其中，组成工程实体的工艺设备和各类机具，如各类生产设备、装置和辅助配套的电梯、泵机，以及通风空调和消防、环保设备等，是工程项目的重要组成部分，其质量的优劣直接影响工程使用功能的发挥。施工机械设备是指施工过程中使用的各类机具设备，包括运输设备、吊装设备、操作工具、测量仪器、计量器具，以及施工安全设施，是所有施工方案得以实施的重要物质基础，合理选择和正确使用施工机械设备是保证施工质量的重要措施。

应根据工程具体情况，从设备选型、购置、检查验收、安装、试车运转等方面对机械设备加以控制。应按照生产工艺，选择能充分发挥效能的设备类型，并按选定型号购置设备；设备进场时，按照设备的名称、规格、型号、数量的清单检查验收；进场后，按照相关技术要求和质量标准安装机械设备，并保证设备试车运行正常，能配套投产。

（四）方法的因素

方法指在工程项目建设整个周期内所采取的技术方案、工艺流程、组织措施、检测手段、施工组织设计等。技术工艺水平的高低直接影响工程项目质量。因此，结合工程实际情况，从资源投入、技术、设备、生产组织、管理等问题入手，对项目的技术方案进行研究，采用先进合理的技术、工艺，完善组织管理措施，从而有利于提高工程质量、加快进度、降低成本。

（五）环境的因素

环境主要包括现场自然环境、工程管理环境和劳动环境。环境因素对工程质量具有复杂多变和不确定性的影响。现场自然环境因素主要指工程地质、水文、气象条件及周边建筑、地下障碍物以及其他不可抗力等对施工质量的影响因素。这些因素不同程度地影响工程项目施工的质量控制和管理。如在寒冷地区冬期施工措施不当，会影响混凝土强度，进而影响工程质量。对此，应针对工程特点，相应地拟定季节性施工质量和安全保证措施，以免工程受到冻融、干裂、冲刷、坍塌的危害。工程管理环境因素指施工单位质量保证体系、质量管理制度和各参建施工单位之间的协调等因素。劳动环境因素主要指施工现场的排水条件，各种能源介质供应，施工照明、通风、安全防护措施，施工场地空间条件和通道，以及交通运输和道路条件等因素。

对影响质量的环境因素主要是根据工程特点和具体条件，采取有效措施，严加控制。施工人员要尽可能全面地了解可能影响施工质量的各种环境因素，采取相应的事先控制措施，确保工程项目的施工质量。

二、设计阶段与施工方案的质量控制

设计阶段是使项目已确定的质量目标和质量水平具体化的过程，其水平直接关系到整个项目资源能否合理利用、工艺是否先进、经济是否合理、与环境是否协调等。设计成果决定着项目质量、工期、投资或成本等项目建成后的使用价值和功能。因此，设计阶段是影响工程项目质量的决定性环节。

（一）设计阶段的质量控制

在设计准备阶段，通过组织设计招标或方案竞选，择优选择设计单位，以保证设计质量。在设计方案审核阶段，保证项目设计符合设计纲要的要求，符合国家相关法律、法规、方针、政策；保证专业设计方案工艺先进、总体协调；保证总体设计方案经济合理、可靠、协调，满足决策质量目标和水平，使设计方案能够充分发挥工程项目的社会效益、经济效益和环境效益。在设计图纸审核阶段，保证施工图符合现场的实际条件，其设计深度能满足施工的要求。

（二）施工方案的质量控制

施工方案是根据具体项目拟订的项目实施方案，包括施工组织方案、技术方案、材料供应方案、安全方案等。其中，组织方案包括职能机构构成、施工区段划分、劳动组织等；技术方案包括施工工艺流程、方法、进度安排、关键技术预案等；安全方案包括安全总体要求、安全措施、重大施工步骤安全员预案等。因此，施工方案设计水平不仅影响施工质量，对工程进度和费用水平也有重要影响。对施工方案的质量控制主要包括以下内容：

（1）全面正确地分析工程特征、技术关键及环境条件等资料，明确质量目标、质量水平、验收标准、控制的重点和难点；

（2）制订合理有效的施工组织方案和施工技术方案；

（3）合理选用施工机械设备和施工临时设备，合理布置施工总平面图和各阶段施工平面图；

（4）选用和设计保证质量和安全的模具、脚手架等施工设备；

（5）编制工程所采用的新技术、新工艺、新材料的专项技术方案和质量管理方案；

（6）根据工程具体情况，编写气象地质等环境不利因素对施工的影响及其应对措施。

三、工序质量控制

工程项目施工过程是由一系列相互关联、相互制约的施工工序组成的，而工程实体的质量是在施工过程中形成的。因此，只有严格控制施工工序的质量，才能保证工程项目实体的质量，对工序的质量控制是施工阶段质量控制的基础和重点。

（一）工序质量控制的内容

工序质量控制主要包括对工序活动条件的控制和对工序活动效果的控制两个方面。

1. 工序活动条件的控制

工序施工条件是指从事工序活动的各生产要素质量及生产环境条件。对工序活动条件的控制，应当依据设计质量标准、材料质量标准、机械设备技术性能标准、施工工艺标准及操作规程等，通过检查、测试、试验、跟踪监督等手段，对工序活动的各种投入要素质量和环境条件质量进行控制。

在工序施工前，对人、材、机进行严格控制，如保证施工操作人员符合上岗要求，保证材料质量符合标准、施工设备符合施工需要；在施工过程中，对施工方法、工艺、环境等进行严格控制，注意各因素的变化，对不利工序质量方面的变化进行及时控制或纠正。在各种因素中，材料及施工操作是最活跃易变的因素，应予以特别监督与控制，使其质量始终处于控制之中，保证工程质量。

2．工序活动效果的控制

工序活动效果的控制主要反映在对工序产品质量性能的特征指标的控制上，属于事后控制，主要是指对工序活动的产品采取一定的检测手段获取数据，通过对统计分析所获取的数据，判定质量等级，并纠正质量偏差。其监控步骤为实测、分析、判断和纠偏或认可。

（二）工序质量控制实施要点

工序活动的质量控制工作，应当分清主次，抓住关键，依靠完善的质量保证体系和质量检查制度，完成施工项目工序活动的质量控制。其实施要点主要体现在以下四个方面：

1．确定工序质量控制计划

工序质量控制计划是以完善的质量体系和质量检查制度为基础的，故工序质量控制计划，要明确规定质量监控的工作内容和质量检查制度，作为监理单位和施工单位共同遵守的准则。整个项目施工前，要求对施工质量控制制订计划，但这种计划一般较粗。在每一分部分项工程施工前，还应制订详细的工序质量计划，明确其控制的重点和难点。对某些重要的控制点，还应具体计划作业程序和有关参数的控制范围。同时，通常要求每道工序完成后，对工序质量进行检查，当工序质量经检验认为合格后，才能进行下道工序施工。

2．进行工序分析，分清主次，重点控制

所谓工序分析，即在众多影响工序质量的因素中，找出对待定工序或关键的质量特性指标起支配性作用或具有重要影响的因素。在工序施工中，针对这些主要因素制定具体的控制措施及质量标准，进行积极主动的、预防性的具体控制。如在振捣混凝土这一工序中，振捣的插点和振捣时间是影响质量的主要因素。

3．对工序活动实施动态控制跟踪

影响工序活动质量的因素可能表现为偶然性和随机性，也可能表现为系统性。当其表现为偶然性或随机性时，工序产品的质量特征数据以平均值为中心，上下波动不定，呈随机性变化，工序质量基本稳定，如材料上的微小差异，施工设备运行的正常振动、检验误差等。当其表现为系统性时，工序产品质量特征数据方面出现异常大的波动或离散，其数据波动呈一定的规律性或倾向性变化，这种质量数据的异常波动通常是系统性的因素造成的，在质量管理上是不允许的，因此采取措施予以消除，如使用不合格的材料施工、施工机具设备严重磨损、违章操作、检验量具失准等。

施工管理者应当在整个工序活动中，连续地实时动态跟踪控制。发现工序活动处于异常状态时，及时查找相关原因，纠正偏差，使其恢复正常状态，从而保证工序活动及其产品的质量。

4. 设置工序活动的质量控制点，进行预控

质量控制点是指为保证工序质量而确定的重点控制对象、关键部位或薄弱环节。设置质量控制点是保证达到工序质量要求的必要前提，在拟订质量控制工作计划时，应予以详细的考虑，并以制度来保证落实。对于质量控制点，一般要事先分析可能造成质量问题的原因，再针对原因制定对策和措施进行预控。

（三）质量控制点的设置

质量控制点的设置要准确、有效。对于一个具体的工程项目，应综合考虑施工难度、施工工艺、建设标准、施工单位的信誉等因素，结合工程实践经验，选择那些对工程质量影响大、发生质量问题时危害大、工程质量难度大的对象为质量控制点，并设置其数量和位置。质量控制点的设置原则如表 6-9 所示。

表 6-9　质量控制点的设置原则

序号	设置原则
1	施工过程中的关键工序、关键环节
2	隐蔽工程
3	施工过程中的薄弱环节，质量不稳定的工序或部位
4	对后续工序质量有影响的工序或部位
5	采用新工艺、新材料、新技术的部位或环节
6	施工单位无足够把握的、施工条件困难的或技术难度大的工序或环节
7	用户反馈指出和过去有过返工的不良工序

根据上述质量控制点的设置原则，就建筑工程而言，其设置位置一般可参考表 6-10。

表 6-10　质量控制点的设置位置

分项工程	质量控制点
工程测量定位	标准轴线桩、水平桩、龙门板、定位轴线、标高
地基、基础	基坑（槽）尺寸、标高，土质条件、地基承载力，基础及垫层尺寸、标高，基础位置、标高，
（含设备基础）	尺寸，预留孔洞、预埋件的位置、规格、数量，基础墙皮数杆及标高，基础杯口弹线
砌体	砌体轴线、皮数杆、砂浆配合比、预留孔洞、砌体排列
模板	位置、标高、尺寸、强度、刚度及稳定性，模板内部清理及润湿情况、预留孔洞
钢筋混凝土	混凝土振捣，钢筋种类、规格、尺寸、搭接长度、连接方式，预埋件位置，预留孔洞，预制 件吊装
吊装	吊装设备起重能力、吊具、索具、地锚
装饰工程	抹灰层和镶贴面表面平整度、阴阳角、护角、滴水线、勾缝、油漆
屋面工程	基层平整度、坡度，防水材料技术指标、泛水
钢结构	翻样图、放大样
焊接	焊接条件、焊接工艺

四、施工项目主要投入要素的质量控制

（一）材料构配件的质量控制

原材料、半成品、成品、构配件等工程材料，构成工程项目实体，其质量直接关系到工程项目最终质量。因此，必须对工程项目建设材料进行严格控制。工程项目管理中，应从采购、进场、存放、使用几个方面把好材料的质量关。

1. 采购的质量控制

施工单位应根据施工进度计划制订合理的材料采购供应计划，并进行充分的市场信息调查，在广泛掌握市场材料信息的基础上，优选材料供货商，建立严格的合格供应方资格审查制度。材料进场时，应提供材质证明，并根据供料计划和有关标准进行现场质量验证和记录。

2. 进场的质量控制

进场材料、构配件必须具有出厂合格证、技术说明书、产品检验报告等质量证明文件，根据供料计划和有关标准进行现场质量验证和记录。质量验证包括材料的品种、型号、规格、数量、外观检查和见证取样，进行物理、化学性

能试验。对某些重要材料，还进行抽样检验或试验，如对水泥的物理力学性能的检验、对钢筋的力学性能的检验、对混凝土的强度和外加剂的检验、对沥青及沥青混合料的检验、对防水涂料的检验等。通过严把进场材料构配件质量检验关，确保所有进场材料质量处于可控状态。对需要做材质复试的材料，应规定复试内容、取样方法并应填写委托单，试验员按要求取样，送有资质的试验单位进行检验，检验合格的材料方能使用。如钢筋需要复验其屈服强度、抗拉强度、伸长率和冷弯性能，水泥需要复验其抗压强度、抗折强度、体积安定性和凝结时间，装饰装修用人造木板及胶黏剂需要复试其甲醛含量。建筑材料复试取样应符合以下原则：

（1）同一厂家生产的同一品种、同一类型、同一生产批次的进场材料应根据相应建筑材料质量标准与管理规程、规范要求的代表数量确定取样批次，抽取样品进行复试，当合同另有约定时应按合同执行。

（2）材料需要在建设单位或监理人员见证下，由施工人员在现场取样，送至有资质的试验室进行试验。见证取样和送检次数不得少于试验总次数的30%，试验总次数在10次以下的不得少于2次。

（3）进场材料的检测取样，必须从施工现场随机抽取，严禁在现场外抽取。试样应有唯一性标识，试样交接时，应对试样外观、数量等进行检查确认。

（4）每项工程的取样和送检见证人，由该工程的建设单位书面授权，委派在本工程现场的建设单位或监理人员1或2名担任。见证人应具备与工作相适应的专业知识。见证人及送检单位对试样的代表性、真实性负有法定责任。

（5）试验室在接受委托试验任务时，须由送检单位填写委托单，委托单上要设置见证人签名栏。委托单必须与同一委托试验的其他原始资料一并由试验室存档。

3. 存储和使用的质量控制

材料、构配件进场后的存放，要满足不同材料对存放条件的要求。如水泥受潮会结块，水泥的存放必须注意干燥、防潮。另外，对仓库材料要有定期的抽样检测，以保证材料质量的稳定。如水泥储存期不宜过长，以免受潮变质或降低标号。

（二）机械设备的质量控制

施工机械设备是所有施工方案和工法得以实施的重要物质基础，综合考虑施工现场条件、建筑结构形式、机械设备性能、施工工艺和方法、施工组织与管理、建筑技术经济等因素进行多方案比较，合理选择和正确使用施工机械设备保证施工质量。对施工机械设备的质量控制主要体现在机械设备的选型、主要性能参数指标的确定、机械设备使用操作要求三个方面。

1．机械设备的选型

机械设备的选型，应本着因地制宜、因工程制宜、技术上先进、经济上合理、生产上适用、性能上可靠、使用上安全、操作上方便的原则，选配适用工程项目、能够保证工程项目质量的机械设备。

2．主要性能参数指标的确定

主要性能参数是选择机械设备的依据，正确的机械设备性能参数指标决定正确的机械设备型号，其参数指标的确定必须满足施工的需要，保证质量的要求。

3．机械设备使用操作要求

合理使用机械设备，正确地进行操作，是保证项目施工质量的重要环节。应当贯彻"人机固定"的原则，实行定机、定人、定岗位职责的"三定"使用管理制度，操作人员在使用中必须严格遵守操作规程和机械设备的技术规定，防止出现安全质量事故，随时以"五好"（完成任务好、技术状况好、使用好、保养好、安全好）标准予以检查控制，确保工程施工质量。

机械设备使用过程中应注意以下事项：

（1）操作人员必须正确穿戴个人防护用品；

（2）操作人员必须具有上岗资格，并且操作前要对设备进行检查，空车运转正常后，方可进行操作；

（3）操作人员在机械操作过程中严格遵守安全技术操作规程，避免发生机械事故损坏及安全事故；

（4）做好机械设备的例行保养工作，使机械设备保持良好的技术状态。

第三节　工程项目质量统计分析方法

数据是进行质量控制的基础，是工程项目质量监控的基本出发点。工程项目施工过程中，通过对质量数据的收集、整理、分析，可以科学有效地对施工质量进行控制。

一、质量数据的统计分析

质量数据的统计分析是在质量数据收集的基础上进行的，整理收集到的数据时，由偶然性引起的波动可以接受，而由系统性因素引起的波动则必须予以重视，通过各种措施进行控制。

（一）数据收集

数据收集应当遵守机会均等的原则，常用的数据收集方法有以下几种：

1. 简单随机抽样

这种方法是用随机数表、随机数生成器或随机数色子来进行抽样，广泛用于原材料、构配件的进货检验和分项工程、分部工程、单位工程竣工后的检验。

2. 系统抽样

系统抽样也称等距抽样或机械抽样，要求先将总体各个单位按照空间、时间或其他方式排列起来，第一次样本随机抽取，然后等间隔地依次抽取样本单位，如混凝土坍落度检验。

3. 分层抽样

分层抽样是将总体单位按其差异程度或某一特征分类、分层，然后在各类或每层中随机抽取样本单位。这种方法适用于总体量大、差异程度较大的情况。分层抽样有等比抽样和不等比抽样之分，当总数各类差别过大时，可采用不等比抽样。砂、石、水泥等散料的检验和分层码放的构配件的检验，可用分层抽样抽取样品。

4. 整体抽样

整体抽样也称二次抽样，当总体很大时，可将总体分为若干批，先从这些批中随机地抽几批，再随机地从抽中的几批中抽取所需的样品。如对大批量的砖可用此法抽样。

（二）质量数据的波动

质量数据具有个体值的波动性、样本或总体数据的规律性，即在实际质量检测中，个体产品质量特性值具有互不相同性、随机性，但样本或总体呈现出发展变化的内在规律性。随机抽样取得的数据，其质量特性值的变化在质量标准允许范围内波动称为正常波动，一般是由偶然性原因引起的；超越了质量标准允许范围的波动则称为异常波动，一般是由系统性原因引起的，应予以重视。

1. 偶然性原因

在实际生产中，影响因素的微小变化具有随机发生的特点，是不可避免、难以测量和控制的，它们大量存在但对质量的影响很小，属于允许偏差、允许位移范畴，一般不会造成废品。生产处于稳定状态，质量数据在平均值附近波动，这种微小的波动在工程上是允许的。

2. 系统性原因

当影响质量的人、材料、机械、方法、环境五类因素发生了较大变化，如原材料质量规格有显著差异等情况发生，且没有及时排除时，产品质量数据就会离散过大或与质量标准有较大偏离，表现为异常波动，次品、废品产生。这就是产生质量问题的系统性原因或异常原因。异常波动一般特征明显，容易识别和避免，特别是对质量的负面影响不可忽视，生产中应该随时监控，及时识别和处理。

（三）常用统计分析方法

工程中的质量问题大多数可用简单的统计分析方法来解决，广泛地采用统计技术能使质量管理工作的效益和效率不断提高。工程质量控制中常用的 6 种工具和方法是：直方图法、排列图法、因果分析法、控制图法、分层法与列表分析法。

（四）质量样本数据的特征值

质量样本数据的特征值是由样本数据计算的描述样本质量数据波动规律的

指标。统计推断就是根据这些样本数据特征值来分析、判断总体的质量状况。常用的样本数据特征值有描述数据分布集中趋势的算术平均数、中位数和描述数据分布离中趋势的极差、标准偏差、变异系数等。

二、直方图法

对产品质量波动的监控,通常用直方图法。直方图又称质量分布图、矩形图,它是根据从生产过程中收集来的质量数据分布情况,画成以组距为底边、以频数为高度的一系列连接起来的直方型矩形图,它通过对数据加工整理、观察分析,来反映产品总体质量的分布情况,判断生产过程是否正常。同时可以用来判断和预测产品的不合格率、制定质量标准、评价施工管理水平等。

(一)直方图的绘制

直方图的绘制步骤如表 6-11 所示。

表 6-11　直方图的绘制步骤

序号	步骤	说明
1	数据的收集与整理	收集某工程施工项目的质量特征数据 50～200 个作为样本数据,数据总数用 N 表示,列出样本数据表
2	统计极值	从样本数据表中找出最大值 X_{max} 和最小值 X_{min}
3	计算极差 R	根据从数据表中找到的最大值和最小值,计算这两个极值之差 R
4	确定组数 K	应根据数据多少来确定,组数少,会掩盖数据的分布规律;组数多,使数据过于零乱分散,也不能显出质量分布状况,一般可参考经验数值来确定
5	计算组距 h	组距是指每个数据组的跨距,即每个数据组的上限与下限之差,计算公式为 h=R/K
6	确定组限	组限就是这每组的最大值和最小值
7	统计频数 f	按照数据统计各组的频数。根据每组的数据范围,按照样本数据表统计在上述数据范围内的数据个数,即为统计频数 f
8	绘制频数分布直方图	以频数为纵坐标,以质量特性值为横坐标,根据各数据组的数据范围和频数绘制出频数直方图

(二)直方图的分析

1. 分布状态分析

通过对直方图的分布状态进行分析,可以判断生产过程是否正常。质量稳定的正常生产过程的直方图呈正态分布。异常直方图的表现形式如表 6-12 所示。

表 6-12　异常直方图的表现形式

类型	含义	出现原因
偏态型	图的顶峰有时偏向左侧，有时偏向右侧	一般是技术上、习惯上的原因
陡壁型	其形态如高山的陡壁向一边倾斜	剔除不合格品或超差返修
锯齿型	直方图呈现凹凸不平的形状	一般是作图时得数分得太多、测量仪器误差过大或观测数据不准确，此时应当重新收集整理数据
孤岛型	在直方图旁边有孤立的小岛出现	施工过程出现异常会导致孤岛型直方图出现，如少量原材料不合格、不熟练的新工人替人加班等
双峰型	直方图中出现了两个峰顶	一般由于抽样检查前数据分类工作不够好，两个分布混淆在一起
平峰型	直方图没有突出的峰顶	生产过程中某种缓慢的倾向起作用，如：工具的磨损，操作者疲劳；多个总体、多种分布混在一起；质量指标在某个区间中均匀变化

2. 同标准规格的比较分析

当直方图的形状呈现正常型时，工序处于稳定状态，此时还需要进一步将直方图同质量标准进行比较，以分析判断实际施工能力。

用 T 表示质量标准要求的界限，B 表示实际质量特性值分布范围，分析结果如表 6-13 所示。

表 6-13　同标准规格的比较分析

类型	含义	说明问题
正常型	B 在 T 中间，两边各有合理余地	可保持状态水平并加以监督
偏向型	B 虽在 T 之内，但偏向一边	稍有不慎就会出现不合格，应当采取恰当纠偏措施
无富余型	B 与 T 相重合	实际分布太宽，容易失控，造成不合格，应当采取措施减少数据分散
能力富余型	B 过分小于 T	加工过于精确，不经济，可考虑改变工艺，放宽加工精度，以降低成本

类型	含义	说明问题
能力不足型	B 过分偏离 T 的中心，造成废品产生	需要进行调整
	B 的分布范围过大，同时超越上下界限	较多不合格品出现，说明工序不能满足技术要求，要采取措施提高施工精度

三、排列图法

实践证明，工程中的质量问题往往是由少数关键影响因素引起的。在工程质量统计分析方法中，一般采用排列图法寻找影响工程质量的主次因素。排列图又叫主次因素分析图或帕累托图。排列图由两个纵坐标、一个横坐标、几个按高低顺序依次排列的直方形和一条累计百分比折线所组成。横坐标表示影响质量的各种因素，按影响程度的大小，从左至右顺序排列，左纵坐标表示对应某种质量因素造成不合格品的频数，右纵坐标表示累计频率。各直方形由大到小排列，分别表示质量影响因素的项目，由左至右累加每一影响因素的量值（以百分比表示），做出累计频率曲线，即帕累托曲线。

排列图按重要性顺序显示出了每个质量改进项目对整个质量问题的作用，在排列图分析中，累计频率在 0% ~ 80% 范围的因素称为 A 类因素，是主要因素，应当作为重点控制对象；累计频率在 80% ~ 90% 范围内的因素称为 B 类因素，是次要因素，作为一般控制对象；累计频率在 90% ~ 100% 范围内的因素称为 C 类因素，是一般因素，可不做考虑。

排列图法的一般步骤如表 6-14 所示。

表 6-14　排列图法的一般步骤

序号	名称	主要内容
1	确定质量问题	影响项目（或因素）即是排列图横坐标内容
2	收集、整理数据	按已确定的项目（或因素）收集数据，并进行必要的整理，然后按这些数据频数大小的顺序排列其次序

续表

序号	名称	主要内容
3	绘制排列图	（1）在坐标纸上绘制好纵、横坐标系； （2）按项目（或因素）内容的顺序依次绘制各自的矩形，其矩形底边均相等，高度表示对应项目（或因素）的频数； （3）在各矩形的右边或右边的延长线上打点，各点的纵坐标值表示对应项目（或因素）处的累计频率，并以原点为起点，依次连接上述各点，即得图

根据排列图，强度不足和蜂窝麻面为 A 类因素，应该进行重点控制；局部漏筋和局部有裂缝为 B 类因素，进行一般控制；折断为 C 类因素，可不进行控制。

四、因果分析法

寻找质量问题的产生原因，可用因果分析法。因果分析法通过因果图表现出来，因果图又称特性要因图、鱼刺图或石川图。针对某种质量问题，项目经理发动大家谈看法，做分析，集思广益，将群众的意见反映在一张图上，即为因果图。

因果分析法的一般步骤如表 6-15 所示。

表 6-15　因果分析法的一般步骤

序号	步骤	
1	确定分析目标	
2	绘制因果图	把问题写在鱼骨的头上
		针对具体问题，确定影响质量特性的大原因（大骨），一般为人、机、料、法、环五个方面
		进行分析讨论，找出可能产生问题的全部原因，并对这些原因进行整理归类，明确其从属关系
		标出鱼骨，即成鱼刺图
3	针对问题产生的原因，逐一制定解决方法	

因果图可直观、醒目地反映质量问题的产生原因，使其条理分明，因而在质量问题原因分析中得到了广泛应用。因果分析结束后，必须重视针对各个原因的解决方案的落实，以便发挥因果分析的作用。

五、控制图法

采用控制图法，可以分析判断生产过程是否处于稳定状态。控制图又叫管理图，可动态地反映质量特性值随时间的变化。控制图一般有 3 条线，上控制线（upper control limit，UCL）为控制上限，下控制线（lower control limit，LCL）为控制下限，中心线（center limit，CL）为平均值。把被控制对象发出的反映质量动态的质量特性值用图中某一相应点来表示，将连续打出的点子顺次连接起来，即形成表示质量波动的控制图图形。

六、分层法

分层法又称为分类法或分组法，是将收集来的数据按不同情况和不同条件分组，每组叫作一层，从而把实际生产过程中影响质量变动的因素区别开来，进行分析。

分层法的关键是调查分析的类别和层次划分，工程项目中，根据管理需要和统计目的，通常可按照如表 6-16 所示的分层方法取得原始数据。

表 6-16 分层法

分层法	举例
按施工时间分	月、日、上午、下午、白天、晚间、季节
按地区部位分	区域、城市、乡村、楼层、外墙、内墙
按产品材料分	产地、厂商、规格、品种
按检测方法分	方法、仪器、测定人、取样方式
按作业组织分	班组、工长、工人、分包商
按工程类型分	住宅、办公楼、道路、桥梁、隧道
按合同结构分	总承包、专业分包、劳务分包

经过第一次分层调查和分析，找出主要问题以后，还可以针对这个问题再次分层进行调查分析，一直到分析结果满足管理需要为止。层次类别划分越明确、越细致，就越能够准确有效地找出问题及其原因所在。

七、列表分析法

列表分析法又称调查分析法、检查表法，是收集和整理数据用的统计表，利用这些统计表对数据进行整理，并可粗略地进行原因分析。按使用的目的不同，常用的检查表有工序分布检查表、缺陷位置检查表、不良项目检查表、不良原因检查表等。

分层法和列表分析法常常结合使用，从不同角度分析产品质量问题和影响因素。

第四节　工程质量事故处理

尽管事先有各种严格的预防、控制措施，但由于种种因素，质量事故仍不可避免。事故发生后，应当按照规定程序，及时进行综合治理。事故处理应当注重事故原因的消除，达到安全可靠、不留隐患、满足生产及使用要求、施工方便、经济合理的目的，并且要加强事故的检查验收工作。

一、工程质量事故的特点与分类

（一）工程质量问题的分类

工程质量问题的分类如表 6–17 所示。

表 6–17　工程质量问题的分类

类型	含义
工程质量缺陷	建筑工程施工质量中不符合规定要求的检验项或检验点，按其程度可分为严重缺陷和一般缺陷
工程质量通病	各类影响工程结构、使用功能和外形观感的常见性质量损伤
工程质量事故	对工程结构安全、使用功能和外形观感影响较大、损失较大的质量损伤

（二）工程质量事故的特点

工程项目实施的一次性，生产组织特有的流动性、综合性，劳动的密集性及协作关系的复杂性，均导致工程质量事故具有复杂性、隐蔽性、多发性、可变性、严重性的特点，如表 6-18 所示。

表 6-18　工程质量事故的特点

性质	含义	举例
复杂性	质量问题可能由一个因素引起，也可能由多个因素综合引起，同时，同一个因素可能对多个质量问题起作用	引起混凝土开裂的可能原因有：混凝土振捣不均匀，浇筑时发生离析现象，使得成型后混凝土不致密，引起开裂；混凝土具有热胀冷缩的性质，由于外界温度变化引起的温度变形，也会导致混凝土开裂；拆模方法不当、构件超载、化学收缩等均能导致后期混凝土开裂
隐蔽性	工程项目质量问题的发生，在很多情况下是从隐蔽部位开始的，特别是工程地基方面出现的质量问题，在问题出现的初期，从建筑物外观无法准确判断和发现	冬季施工期间的质量问题一般具有滞后性，这些都使得工程质量事故具有一定的隐蔽性
多发性	有些质量问题在工程项目建设过程中很容易发生	混凝土强度不足、蜂窝、麻面，模板变形、拼缝不密实、支撑不牢固，砌筑砂浆饱满度未达标准要求、砂浆与砖黏结不良，柔性防水层裂缝、渗漏水等
可变性	工程项目出现质量问题后，质量状态处于不断发展中	在质量渐变的过程中，某些微小的质量问题也可能导致工程项目质量由稳定的量变出现不稳定的量变，引起质变，导致工程项目质量事故的发生
严重性	对于质量事故，必然造成经济损失，甚至人员伤亡	在质量事故处理过程中，必将增加工程费用，甚至造成巨大的经济损失；同时会影响工程进度，有时甚至延误工期

（三）工程质量事故的分类

工程质量事故一般可按表 6-19 分类。

表 6-19　工程质量事故的分类

分类依据	类别	含义
按事故造成的后果	未遂事故	发现了质量问题，及时采取措施，未造成经济损失、延误工期或其他不良后果的事故
	已遂事故	出现不符合质量标准或设计要求，造成经济损失、工期延误或其他不良后果的事故

续表

分类依据	类别	含义
按事故责任	指导责任事故	工程实施指导或领导失误造成的质量事故，如工程负责人片面追求施工进度，放松或不按质量标准进行控制和检验等造成的质量事故
	操作责任事故	在施工过程中，实施操作者不按规程和标准实施操作而造成的质量事故
	自然灾害事故	突发的严重自然灾害等不可抗力造成的质量事故，如地震、台风、暴雨、雷电、洪水等对工程造成破坏甚至倒塌
按事故造成的损失	根据工程质量问题造成的人员伤亡或者直接经济损失，将工程质量问题分为四个等级	详见表6-20

表6-20　工程质量事故按事故造成的损失分级

事故等级（达到条件之一）	死亡/人	重伤/人	直接经济损失/万元
特别重大事故	≥30	≥100	≥10000
重大事故	10～29	50～99	5000～<10000
较大事故	3～9	10～49	1000～<5000
一般事故	≤2	≤9	100～<1000

二、工程质量事故原因分析

工程质量事故发生的原因错综复杂，而且一项质量事故常常是由多种因素引起的。工程质量事故发生后，首先对事故情况进行详细的现场调查，充分了解与掌握质量事故的现象和特征，收集资料，进行深入调查，摸清质量事故对象在整个施工过程中所处的环境及面临的各种情况，或结合专门的计算进行验证，综合分析判断，得到质量事故发生的主要原因。

（一）违反基本建设程序

违反工程项目建设过程及其客观规律，即违反基本建设程序。项目未经过可行性研究就决策定案，未经过地质调查就仓促开工，边设计边施工、不按图纸施工等现象，常是重大工程质量事故发生的重要原因。

（二）违反有关法规和工程合同的规定

如无证设计、无证施工、随意修改设计、非法转包或分包等违法行为。

（三）地质勘查失真

工程项目基础的形式主要取决于项目建设位置的地质情况。

（1）地质勘查报告不准确、不详细，会导致采用不恰当或错误的基础方案，造成地基不均匀沉降、基础失稳等问题，引发严重质量事故。

（2）未认真进行地质勘查，提供的地质资料、数据有误。

（3）地质勘查时，钻孔间距太大，不能全面反映地基的实际情况；地质勘查钻孔深度不够，没有查清地下软土层、滑坡、墓穴、孔洞等地层结构。

（四）地基处理不当

对软弱土、杂填土、湿陷性黄土、膨胀土等不均匀地基处理不当，也是重大质量问题发生的原因。

（五）设计计算失误

盲目套用其他项目设计图纸，结构方案不正确，计算简图与实际受力不符，计算荷载取值过小，内力分析有误，伸缩缝、沉降缝设置不当，悬挑结构未进行抗倾覆验算等，均是引起质量事故的隐患。

（六）建筑材料及制品不合格

钢筋物理力学性能不良会导致钢筋混凝土结构产生裂缝或脆性破坏，保温隔热材料受潮将使材料的质量密度加大，不仅影响建筑功能，甚至可能导致结构超载，影响结构安全。

（七）施工与管理问题

施工与管理上的不完善或失误是质量事故发生的常见原因。施工单位或监理单位的质量管理体系不完善，检验制度不严密，质量控制不严格，质量管理措施落实不力，不按有关的施工规范和操作规程施工，管理混乱，施工顺序错误，技术交底不清，违章作业，疏于检查验收等，均可能引起质量事故。

（八）自然条件的影响

工程项目建设一般周期较长，露天作业多，应特别注意自然条件对其的影响，如空气温度、湿度、狂风、暴雨、雷电等都可能引发质量事故。

（九）建筑结构使用不当

未经校核验收任意对建筑物加层，任意拆除承重结构部位，任意在结构物上开槽、打洞削弱承重结构截面等都可能引发质量事故。

（十）社会、经济原因

经济因素及社会上存在的弊端和不正之风往往会造成建设中的错误行为，导致出现重大工程质量事故，如：投标企业在投标报价中随意压低标价，中标后依靠修改方案或违法的手段追加工程款，甚至偷工减料；某些施工企业不顾工程质量盲目追求利润等。

工程质量事故必然伴随损失发生，在工程实际中，应当针对工程具体情况，采取适当的管理措施、组织措施、技术措施并严格落实，尽量降低质量事故发生的可能性。

三、工程质量事故处理方案与程序

质量事故发生后，应该根据质量事故处理的依据、质量事故处理程序，分析原因，制订相应的事故基本处理方案，并进行事故处理和后续检查验收。

（一）工程质量事故处理的依据

工程质量事故处理的依据如表 6-21 所示。

表 6-21　工程质量事故处理的依据

序号	名称	含义
1	质量事故的实况资料	包括：质量事故发生的时间、地点；质量事故状况的描述；质量事故发展变化；有关质量事故的观测记录、事故现场状态的照片或录像
2	有关合同及合同文件	工程承包合同、设计委托合同、设备与器材购销合同、监理合同及分包合同等
3	有关的技术文件和档案	主要是有关的设计文件、技术文件、档案和资料
4	相关的建设法规	包括《中华人民共和国建筑法》和与工程质量及质量事故处理有关的法规，以及勘察、设计、施工、监理等单位资质管理和从业者资格管理方面的法规，建筑市场方面的法规，建筑施工方面的法规，关于标准化管理方面的法规等

（二）工程质量事故处理程序

工程质量事故发生后，应当予以及时、合理的处理。工程质量事故一般按照以下程序进行处理。

1. 事故发生，进行调查

质量事故发生后，应暂停有质量缺陷部位及其相关部位的施工，施工项目负责人按法定的时间和程序，及时上报事故的状况，积极组织事故调查。事故调查应力求及时、客观、全面、准确，以便为事故的分析与处理提供正确的依据。调查结果要整理撰写成事故调查报告，其主要内容包括：事故项目及各参建单位概况；事故发生经过和事故救援情况；事故造成的人员伤亡和直接经济损失；事故项目有关质量检测报告和技术分析报告；事故发生的原因和事故性质；事故责任的认定和事故责任者的处理建议；事故防范和整改措施。事故调查报告应当附具有关证据材料，事故调查组成员应当在事故调查报告上签名。

2．原因分析

在事故情况调查的基础上，依据工程具体情况对调查所得的数据、资料进行详细深入的分析，去伪存真，找出事故发生的主要原因。

3．制订相应的事故处理方案

在原因分析的基础上，广泛听取专家及有关方面的意见，经科学论证，合理制订事故处理方案。方案体现安全可靠、技术可行、不留隐患、经济合理、具有可操作性、满足建筑功能和使用要求的原则。

4．事故处理

根据制订的质量事故处理方案，对质量事故进行认真的处理。处理的内容主要包括事故的技术处理和责任处罚。

5．后续检查验收

事故处理完毕，应当组织有关人员对处理结果进行严格检查、鉴定及验收，由监理工程师编写质量事故处理报告，提交建设单位，并上报有关主管部门。

（三）工程质量事故的基本处理方案

工程质量事故的处理方案一般有不做处理、修补处理、加固处理、返工处理、限制使用及报废处理 6 类。具体如表 6-22 所示。

表 6-22 工程质量事故基本处理方案

处理方案	含义
不做处理	某些工程质量问题虽然达不到规定的要求或标准，但其情况不严重，对工程或结构的使用及安全影响很小，经过分析、论证、法定检测单位鉴定和设计单位等认可后可不专门进行处理。一般可不做专门处理的情况有以下几种：不影响结构安全、生产工艺和使用要求的；后道工序可以弥补的质量缺陷；法定检测单位鉴定合格的；出现的质量缺陷，经检测鉴定达不到设计要求，但经原设计单位核算，仍能满足结构安全和使用功能的

续表

处理方案	含　义
修补处理	当工程某些部分的质量虽未达到规定的规范、标准或设计要求，存在一定的缺陷，但经过修补后可以达到要求的质量标准，又不影响使用功能或外观的要求，可采取修补处理的方法
加固处理	主要是针对危及承载力的质量缺陷的处理
返工处理	当工程质量缺陷经过修补处理后仍不能满足规定的质量标准要求，或不具备补救可能性则必须采取返工处理
限制使用	在工程质量缺陷按修补方法处理后无法保证达到规定的使用要求和安全要求，而又无法返工处理的情况下，不得已时可做出诸如结构卸荷或减荷以及限制使用的决定
报废处理	出现质量事故的工程，通过分析或实践，采取上述处理方法后仍不能满足规定的质量要求或标准，则必须予以报废处理

四、工程质量事故的检查与鉴定

工程质量事故的检查与鉴定，应严格按施工验收规范和相关质量标准的规定进行，必要时还应通过实际测量、试验和仪器检测等方法获取数据，以便准确地对事故处理的结果做出鉴定。质量事故的检查与鉴定的结论如表 6-23 所示。

表 6-23　质量事故的检查与鉴定的结论

序号	检查与鉴定的结论
1	事故已排除，可继续施工
2	隐患已消除，结构安全有保证
3	经处理，能够满足使用要求
4	基本上满足使用要求，但使用时应有附加的限制条件
5	对耐久性的结论
6	对建筑物外观影响的结论
7	对短期难以做出结论者，可提出进一步观测检验的意见

事故处理后，必须尽快提交完整的事故处理报告，其主要内容如表 6-24 所示。

表 6-24　质量事故处理报告的主要内容

序号	主要内容
1	事故调查的原始资料、测试的数据
2	事故调查报告
3	事故原因分析、论证
4	事故处理的依据
5	事故处理的方案及技术措施
6	实施质量处理中有关的数据、记录、资料
7	检查验收记录
8	事故责任人情况
9	事故处理的结论

第五节　工程项目质量评定与验收

根据《建筑工程施工质量验收统一标准》（GB 50300-2013），所谓验收，是指建筑工程在施工单位自行质量检查评定的基础上，参与建设活动的有关单位共同对检验批，分项、分部、单位工程的质量进行抽样复验，根据相关标准以书面形式对工程质量达到合格与否做出确认。

正确进行工程项目质量的检查评定与验收，是施工质量控制的重要手段。施工质量验收包括施工过程的质量验收及工程项目竣工质量验收两个部分。同时，在各施工过程质量验收合格后，对合格产品的成品保护工作必须足够重视，严防对已合格产品造成损害。

一、工程项目质量评定

工程项目质量评定是承包商进行质量控制结果的表现，也是竣工验收组织确定质量的主要方法和手段，主要由承包商来实施，并经第三方的工程质量监督部门或竣工验收组织确认。

工程项目质量评定验收工作，应将建设项目由小及大划分为检验批、分项工程、分部工程、单位工程，逐一进行。在质量评定的基础上，再与工程合同及有关文件相对照，决定项目能否验收。

（一）检验批

检验批是工程验收的最小单位，是分项工程乃至整个建筑工程质量验收的基础。检验批是施工过程中相同并有一定数量的材料、构配件或安装项目，由于其质量基本均匀一致，因此可作为检验的基础单位，并按批验收。构成一个检验批的产品，需要具备以下两个基本条件：①生产条件基本相同，包括设备、工艺过程、原材料等；②产品的种类型号相同。

检验批是质量验收的最小单位，是分项工程乃至整个工程项目质量评定的基础，检验批的质量合格应符合下列规定：

（1）主控项目和一般项目的质量经抽样检验合格；

（2）具有完整的施工操作依据、质量检查记录。

检验批的合格质量主要取决于对主控项目和一般项目的检验结果。主控项目是对检验批的基本质量起决定性影响的检验项目，因此必须全部符合有关专业工程验收规范的规定。这意味着主控项目不允许有不符合要求的检验结果，即这种项目的检查具有否决权。鉴于主控项目对基本质量的决定性影响，必须从严要求。

（二）分项工程

分项工程质量验收合格应符合下列规定：

（1）分项工程的验收在检验批的基础上进行。在一般情况下，两者具有相同或相近的性质，只是批量的大小不同而已。因此，将有关的检验批汇集构成分项工程。

（2）分项工程所含的检验批均应符合合格质量的规定。分项工程所含的检验批的质量验收记录应完整。

（三）分部工程

分部工程的验收在其所含各分项工程验收的基础上进行，分部（子分部）工程质量验收合格应符合下列规定：

（1）分部（子分部）工程所含分项工程的质量均应验收合格；

（2）质量控制资料应完整；

（3）地基与基础、主体结构和设备安装等分部工程有关安全及功能的检验和抽样检测结果应符合有关规定；

（4）观感质量验收应符合要求。

（四）单位工程

单位工程质量验收合格应符合下列规定：

（1）单位（子单位）工程所含分部（子分部）工程的质量均应验收合格；

（2）质量控制资料应完整；

（3）单位（子单位）工程所含分部（子分部）工程有关安全和功能的检测资料应完整；

（4）主要功能项目的抽查结果应符合相关专业质量验收规范的规定；

（5）观感质量验收应符合要求。

二、工程项目竣工验收

工程项目竣工验收是工程建设的最后一个程序，是全面检查工程建设是否符合设计要求和施工质量的重要环节；也是检验承包合同执行情况，促进建设项目及时投产和交付使用，发挥投资积极效果的环节；同时，通过竣工验收，总结建设经验，全面考核建设成果，为施工单位今后的建设工作积累经验。

工程项目竣工验收是施工质量控制的最后一个环节，是对施工过程质量控制结果的全面检查。未经竣工验收或竣工验收不合格的工程，不得交付使用。

（一）项目竣工验收的基本要求

根据《建筑工程施工质量验收统一标准》（GB 50300-2013），建筑工程施工质量应按下列要求进行验收：

（1）建筑工程质量应符合《建筑工程施工质量验收统一标准》（GB 50300-2013）和相关专业验收规范的规定；

（2）建筑工程施工应符合工程勘察、设计文件的要求；

（3）参加工程施工质量验收的各方人员应具备规定的资格；

（4）工程质量的验收均应在施工单位自行检查评定的基础上进行；

（5）隐蔽工程在隐蔽前应由施工单位通知有关单位进行验收，并应形成验收文件；

（6）涉及结构安全的试块、试件以及有关材料，应按规定进行见证取样检测；

（7）检验批的质量应按主控项目和一般项目验收；

（8）对涉及结构安全和使用功能的重要分部工程应进行抽样检测；

（9）承担见证取样检测及有关结构安全检测的单位应具有相应资质；

（10）工程的观感质量应由验收人员通过现场检查，并应共同确认。

（二）竣工验收的程序

工程项目的竣工验收可分为验收前准备、竣工预验收和正式验收三个环节。整个验收过程由建设单位进行组织协调，涉及项目主管部门、设计单位、监理单位及施工总分包各方。在一般情况下，大中型和限额以上项目由国家计委或其委托项目主管部门或地方政府部门组织验收委员会验收；小型和限额以下项目主管部门组织验收委员会验收。

1. 验收前准备

施工单位全面完成合同约定的工程施工任务后，应自行组织有关人员进行质量检查评定。自检合格后，向建设单位提交工程竣工验收申请报告，要求组织工程竣工预验收。

施工单位的竣工验收准备包括工程实体和相关工程档案资料两方面。工程实体方面指土建与设备安装、室内外装修、室内外环境工程等已全部完工，不留尾项。相关工程档案资料主要包括技术档案、工程管理资料、质量评定文件、工程竣工报告、工程质量保证资料。

2. 竣工预验收

建设单位收到工程竣工验收报告后，由建设单位组织，施工（含分包单位）、设计、勘察、监理等单位参与，进行工程竣工预验收。其内容主要是对各项文件、资料认真审查，检查各项工作是否达到了验收的要求，找出工作的不足之处并进行整改。

3. 正式验收

项目主管部门收到正式竣工验收申请和竣工验收报告后进行审查，确认符合竣工验收条件和标准时，及时组织正式验收。正式验收主要包含以下内容：

（1）由建设单位组织竣工验收会议，建设、勘察、设计、施工、监理单位分别汇报工程合同履约情况及工程施工各环节施工满足设计要求，质量符合法律、法规和强制性标准的情况；

（2）检查审核设计、勘察、施工、监理单位的工程档案资料及质量验收资料；

（3）实地查验工程外观质量，对工程的使用功能进行抽查；

（4）对工程施工质量管理各环节工作、对工程实体质量及质保资料情况进行全面评价，形成经验收组人员共同确认签署的工程竣工验收意见；

（5）竣工验收合格，形成附有工程施工许可证、设计文件审查意见、质量检测功能性试验资料、工程质量保修书等法规所规定的其他文件的竣工验收报告；

（6）有关主管部门核发验收合格证明文件。

三、成品保护

成品保护是指在施工过程中，由于工序和工程进度的不同，有些分项工程已经完成，而其他分项工程尚在施工，或是在施工过程中，某些部位已完成，而其他部位正在施工，在这种情况下，施工单位必须采取妥善措施对已完工程予以保护，以免其受到来自后续施工以及其他方面的污染或损坏，影响整体工程质量。

（一）成品保护的要求

在施工单位向业主或建设单位提出竣工验收申请或向监理工程师提出分部、分项工程的中间验收时，提请验收工程的所有组成部分均应符合并达到合同文件规定的或施工图等技术文件所要求的质量标准。

（二）成品保护的方法

在工程实践中，必须重视成品保护工作。对工程项目的成品保护，首先要加强教育，建立全员施工成品保护观念的环节。同时，合理安排施工顺序，防止后道工序污损前道工序。在此基础上，可采取防护、包裹、覆盖、封闭等保护措施，如表6-25所示。

表 6-25　成品保护的方法

保护方法	解释	举例说明
防护	针对具体的被保护对象，根据其特点，提前采取各种防护措施	梁板钢筋绑扎成型后，作业人员不能在钢筋网上踩踏、堆置重物，以免钢筋弯曲、移位或变形；楼梯踏步可采用废旧的木模板保护，墙体及柱阳角用胶带纸粘贴 PVC 板做护角保护
包裹	将被保护物包裹起来，以防损伤或污染	木门油漆施工前应对五金用纸胶带进行保护，门锁用塑料布捆绑保护；门窗框安装后，包裹门窗框的塑料保护膜要保持完好，不得随意拆除
覆盖	用其他材料覆盖在需要保护的成品表面，防止其堵塞或损伤	对地漏、落水管排水口等安装后加以覆盖，以防异物落入而被堵塞；产品在油漆和安装后，用塑料布把油漆好的产品全部遮盖起来，以免其他杂质污染
封闭	采取局部封闭的办法对成品进行保护	房间内装修完成后，应加锁封闭，防止人们随意进入

参考文献

[1] 天琼 . 土木工程施工项目管理理论研究与实践 [M]. 成都：电子科技大学出版社，2020.

[2] 苏德利 . 土木工程施工组织 [M]. 武汉：华中科技大学出版社，2020.07.

[3] 陈正 . 土木工程材料 [M]. 北京：机械工业出版社，2020.03.

[4] 邢岩松，陈礼刚，霍定励 . 土木工程概论 [M]. 成都：电子科技大学出版社，2020.06.

[5] 郑晓燕，李海涛，李洁 . 土木工程概论 [M]. 北京：中国建材工业出版社，2020.01.

[6] 项勇，卢立宇，徐姣姣 . 现代工程项目管理 [M]. 北京：机械工业出版社，2020.08.

[7] 徐勇戈 . 建设工程合同管理 [M]. 北京：机械工业出版社，2020.05.

[8] 杨承恝，陈浩 . 绿色建筑施工与管理 [M]. 北京：中国建材工业出版社，2020.08.

[9] 张俊海，隋斌，谭仪忠 . 土建施工 [M]. 徐州：中国矿业大学出版社，2020.09.

[10] 刘莉萍，刘万锋 . 土木工程施工与组织管理 [M]. 合肥：合肥工业大学出版社，2019.03.

[11] 周合华 . 土木工程施工技术与工程项目管理研究 [M]. 文化发展出版社，2019.06.

[12] 刘秋美，刘秀伟 . 土木工程材料 [M]. 成都：西南交通大学出版社，2019.01.

[13] 李启明 . 土木工程合同管理 [M]. 南京：东南大学出版社，2019.11.

[14] 方俊 . 土木工程造价 [M]. 武汉：武汉大学出版社，2019.01.

[15] 陈祥生，俞开元 . 现代项目管理与土木施工技术研究 [M]. 哈尔滨：哈尔滨工程大学出版社，2019.07.

[16] 张亮，任清，李强 . 土木工程建设的进度控制与施工组织研究 [M]. 郑州：黄河水利出版社，2019.05.

[17] 刘尊明，霍文婵，朱锋 . 建筑施工安全技术与管理 [M]. 北京：北京理工大学出版社，2019.01.

[18] 代红涛 . 框架结构工程项目施工技术与安全管理研究 [M]. 黄河水利出版社，2019.05.

[19] 师卫锋 . 土木工程施工与项目管理分析 [M]. 天津：天津科学技术出版社，2018.06.

[20] 袁猛，张传刚，李桩 . 城市道路桥梁建设与土木工程施工管理 [M]. 长春：吉林科学技术出版社，2018.04.

[21] 张志国，刘亚飞 . 土木工程施工组织 [M]. 武汉：武汉大学出版社，2018.09.

[22] 刘伟，马翠玲，王艳丽 . 土木与工程管理概论 [M]. 郑州：黄河水利出版社，2018.08.

[23] 柯龙，刘成，黄丽平 . 土木工程概论 [M]. 成都：西南交通大学出版社，2018.09.

[24] 杨红霞，郝艳娥，王磊 . 土木工程测量 [M]. 武汉：武汉大学出版社，2018.01.

[25] 刘勤 . 建筑工程施工组织与管理 [M]. 阳光出版社，2018.11.

[26] 胡贤，武琳，罗毅 . 结构工程施工与安全管理 [M]. 南昌：江西科学技术出版社，2018.10.

[27] 郑育新，李红岩 . 土建工程施工质量管理与控制 [M]. 成都：西南交通大学出版社，2018.09.

[28] 杨晓庄，崔玉影，沈爱华 . 普通高等院校土木专业"十三五"规划精品教材工程项目管理第 3 版 [M]. 武汉：华中科技大学出版社，2018.03.

[29] 王淑红 . 建筑施工组织与管理 [M]. 北京：北京理工大学出版社，

2018.01.

[30] 杨承愆，陈浩. 绿色建筑施工与管理 2018 版 [M]. 北京：中国建材工业出版社，2018.06.

[31] 肖湘，欧晓林，余景良. 工程项目管理 [M]. 哈尔滨：哈尔滨工程大学出版社，2018.08.